穩定性地帶×組織理論×目標管理……去蕪存菁、濃縮精華
一次讀董最強管理智慧，輕鬆是升職易競爭力！

大師教你學管理

30本經典
一次打包！

郭澤德，宋義平，關佳佳 著

LEAD WITH MASTERY

一本在手，30部經典精華盡收

知識濃縮不燙口，讓理論變成實戰利器！團隊合作更順、人際溝通更強，升遷加薪更輕鬆！

目錄

前言　管理向善

管理的奧義

01　《工業管理與一般管理》：揭開管理的起源……………010

02　《組織的概念》：基本理論與實務方法……………020

03　《彼得・杜拉克的管理聖經》：不在知，而在行……………031

04　《管理思想的演變》：思想的脫胎換骨……………038

05　《管理：任務、責任、實務》：學問的百科全書……………047

提高管理效率

06　《管理工作的本質》：潛在邏輯與發展方向……………058

07　《現場改善》：日本企業的獨有智慧……………067

08　《精實革命》：生產管理的新突破……………077

09　《美國官僚體制》：官僚背後的邏輯……………086

10　《管理行為》：揭開真實面紗……………097

目錄

11 《競爭大未來》：核心競爭法則 …………………… 104

12 《權力與影響力》：哈佛智慧結晶 …………………… 111

13 《管理決策新科學》：技術管理的潛在邏輯 …………… 120

領導力提升

14 《杜拉克談高效能的 5 個習慣》：管理者必須養成的習慣 …… 134

15 《管理學》：五大職能與理論內涵 …………………… 145

16 《領袖論》：領袖的養成之路 ………………………… 159

17 大師們的院長 —— 沃倫・本尼斯（Warren Bennis） ………… 168

人才使用的核心

18 《企業的人性面》：最有效的管理方式 ………………… 178

19 《組織與管理》：理解人性管理 ……………………… 191

20 《現代人力資源管理》：選育用留 …………………… 202

21 《個性與組織》：管人的第一步，是懂人 ……………… 216

企業持續成長的命門

22　《改造企業：再生策略的藍本》：難題破解的關鍵 ⋯⋯⋯⋯⋯ 230

23　《基業長青》：成為高瞻遠矚的偉大企業 ⋯⋯⋯⋯⋯⋯⋯⋯ 241

24　《朱蘭品質手冊》：旺盛持久的命脈 ⋯⋯⋯⋯⋯⋯⋯⋯⋯⋯ 251

發展策略的核心

25　《追求卓越》：62家卓越公司的成功經驗 ⋯⋯⋯⋯⋯⋯⋯⋯ 262

26　《策略與結構》：企業巨頭的前車之鑑 ⋯⋯⋯⋯⋯⋯⋯⋯⋯ 272

27　《企業生命週期》成長階段與診療方法 ⋯⋯⋯⋯⋯⋯⋯⋯⋯ 282

應對危機的必然選擇

28　《轉危為安》：為什麼日本能，我們不能？⋯⋯⋯⋯⋯⋯⋯⋯ 294

29　《管理困境：科層的政治經濟學》：發展困境及化解之道 ⋯⋯ 306

30　《變革的力量》：從管理者到領導者 ⋯⋯⋯⋯⋯⋯⋯⋯⋯⋯ 319

後記

目錄

前言
管理向善

一花一世界，一葉一菩提。

在浩蕩的書海中選擇閱讀經典，是建立深度思考的必經之路。學術志團隊傾力打造本書，邀請知名教授遴選書單，從上百部管理學經典中遴選了 30 部，希望為管理學研究者與愛好者帶來經典學習的全新體驗。

管理學的實務和理論幾經承繼與變遷，呈現了日新月異的發展風貌與學科理念。管理是歷史的，也是實務的，更是面對未來的。讀管理學經典，能夠幫助我們建立學科的思考框架與獨特視角，獲得管理學的想像力與洞察力。

經典雖好，讀之不易，尤其在快節奏的當下，如何做到既不失精髓，又能夠應對「吾生也有涯，而知也無涯」的有限時間，編寫團隊認真討論了編寫邏輯，邀請名校博士，將每一本經典縮編為 8,000 至 10,000 字的精華，使讀者能夠在短時間內了解經典著作的撰寫背景、主要內容、理論觀點與知識系統，進而引發進一步閱讀全書的興趣。

讀者可以將本書視為閱讀經典之前的前傳和開胃小菜，既可以止步於此，作為對經典的一般性了解；也可探步向前，進一步閱讀全書，獲得深度滋養。

當前社會正處於千百年未有之大變局，如何透過紛繁複雜的管理現象去洞悉管理的本質，去探討團體、社會、個人、文化之間的關係，去探索未來管理理論與實務的發展趨勢，讀經典是最為重要的一步。

前言　管理向善

　　理論素養的提升、學識水準的改進非一日之功，站在巨人的肩膀上思考問題、看待事物，能夠幫助我們建立洞察世界本質的學術視野，本書是在此方向上的一種嘗試。

　　鑑於解讀者的學科背景與學識水準差異，解讀經典需要極大的勇氣與自信，也難免出現一定程度的偏頗與不足，編寫團隊對此文責自負，也歡迎廣大學友一起討論交流。

　　管理向善，踐行未來！

宋義平

管理的奧義

01
《工業管理與一般管理》：揭開管理的起源

管理理論之父 —— 亨利・法約爾（Henri Fayol）

亨利・法約爾（西元 1841～1925 年）出生於法國一個富裕的布爾喬亞家庭，管理實踐家、管理學家，被後人稱為「管理理論之父」，古典管理理論的主要代表人之一，管理過程學派的創始人。

不同於其他著名的管理學家，法約爾一生並沒有接受過系統性的高等教育。他高中畢業後就加入了礦業公司，從工程師做起，最終成為公司的總經理。

在礦業公司工作的經歷帶給法約爾豐富的管理實務經驗，1900 年他就在期刊上發表

亨利・法約爾

了管理方面的論文。1908 年提出了管理的普遍原則，這使他名聲大噪。1918 年他出版了《工業管理與一般管理》(*Administration Industrielle et Générale*)，奠定了他在管理學界的地位。此後他又在巴黎創辦中央管理學院，主辦、參加各類國際管理科學會議，終成一代管理學大師。

一、為什麼要寫這本書

在法約爾之前，人們普遍認為管理只是領導者需要關注的事，普通員工與管理沒有關係，自然也不用學習管理學知識。法約爾在擔任企業的總經理時發現，即使是被認為工作內容簡單枯燥的第一線煤礦工人，也會嫻熟運用計劃來安排自己每天的工作量，同時也會按照自己的狀態來調整自己的工作方式。在法約爾眼中，這種計劃的工作方式，控制工作量的行為模式在無形中反映出管理的本質。

隨著法約爾工作經驗的累積，他發現計劃、組織、協調、控制、指揮是工作人員必備的技能和素養。於是法約爾把這五項技能整合、概括為管理的本質。整體而言，法約爾認為管理的本質就是計劃、組織、協調、控制、指揮。管理本質的界定大幅地改變了管理的定義，管理從領導者的專有技能轉變為企業員工需要學習的基礎知識。

《工業管理與一般管理》的理論源於法約爾的企業工作經驗，法約爾正是以其在企業中的大刀闊斧的改革為藍本，整合、歸納出管理的要素，提出管理的一般原則，為後續管理學的研究提供了基本概念和分析框架。

二、管理的重要性：管理能力與管理理論

我們應該如何理解管理的重要性呢？法約爾認為這個問題的答案可以分為兩個方面。

一方面，對每位員工來說，管理能力是非常重要的。

法約爾透過他在企業任職的經歷來說明這一點。法約爾既擔任過一線的工程師，也擔任過公司的高階主管。他從自己的經驗出發，對不同職位

的管理能力的重要性進行評分。他發現，職位越低，管理能力的重要性就越低，如果總分是 100 分，那麼基層員工只需要 10 分的管理能力就可以勝任他的工作；職位越高，管理能力的重要性就越高，按照 100 分來評價，高階人員至少需要 80 分的管理能力才能勝任自己的工作。

接著法約爾將自己的經歷與同事的想法相印證。結果發現，越是高階的管理人員，掌握專業技術的水準就越低，掌握管理能力的水準就越高。換句話說，高階的管理人員可能不需要弄懂所有的專業問題，但是他們需要良好的管理能力來組織和控制企業。

另一方面，對管理者來說，管理理論的學習是非常重要的。在法約爾所處的時代，沒有系統化的管理理論，大多的管理人員沒有接受過系統的理論學習，只能透過口口相傳和耳提面命來傳授經驗，以維持管理的基本秩序。法約爾認為，在任何一個企業中，每位工作人員學習如何管理是非常重要的，但是沒有系統化的理論來指導他們如何學習計劃、組織、協調。這種對管理理論的渴求，突顯了管理理論的重要性，也間接促使法約爾提出了自己的管理理論。

三、管理的一般原則：
指揮層面、協調層面、控制層面和組織層面

早期的管理學大師總是希望自己的管理學內容面面俱到，於是他們的理論內容往往十分豐富，常常有十幾條。法約爾也不例外，他提出了十四條管理的一般原則，分別是勞動分工、權力與責任、紀律、統一指揮、統一領導、個人利益服從整體利益、人員報酬、集中、等級鏈、秩序、公平、人員穩定、創新精神、團隊精神。按照法約爾提出的管理的定義，這

十四條原則可以概括為四個層面，分別是指揮層面、協調層面、控制層面、組織層面。

(一) 指揮層面

指揮層面指的是管理者如何激勵自己的下屬，保證團隊的高效執行。法約爾認為管理者要重視紀律和創新精神。

紀律就是指公司與員工之間規定的正式關係，外在表現為服從、勤勉、熟練、行為和尊重。紀律應該約束所有員工的行為，要對高階主管和下屬員工同等有效。

除重視紀律之外，還要重視員工的創新精神。創新精神就是員工自主提出計畫並付諸實踐。法約爾認為，創新精神可以彌補規則的空白地帶，可鼓勵員工和主管一起做出卓越的成果。管理者要鼓勵員工的創新精神，幫助員工實現自我價值。

(二) 協調層面

協調層面注重的是管理者如何理解員工的工作關係和工作內容，關係到員工工作的基本準則。法約爾認為管理者要重視分工責任與人員穩定。

分工責任實際上是兩個概念，一個是分工，另一個是責任。法約爾提出，勞動分工是自然規律，越是複雜的工作越需要分工。管理者應該積極主動地將工作分為不同的部分，並且按照不同的工作特點來安排人員。分工之後，便是責任。法約爾認為，每一位工作人員要在承擔工作的時候釐清自己的責任，管理者的義務就是幫助員工釐清自己的責任並使員工履行責任。這一項工作的重點在於設計精巧的獎懲制度，透過獎勵和懲罰，引

導員工釐清自己的責任使命。當然，運用懲罰並不意味著隨意開除員工。

法約爾認為人員穩定也是十分重要的。管理者要有耐心，要等待雇員適應並勝任新工作，同時也要注意維持老員工的忠誠度。法約爾認為，一時的工作失敗不可怕，可怕的是工作不穩定造成員工與管理者之間的衝突。

（三）控制層面

管理者必須對組織具有一定的控制力，這種控制力可以透過正式的組織，也可以透過非正式的情感來實施。無論透過何種方式，法約爾認為管理者始終要維持一種相對穩定的控制，這種控制主要展現在統一指揮、統一領導、集中與等級鏈等方面。

所謂統一指揮、統一領導，就是說無論展開什麼行動，一名員工只聽從一名主管的指揮，無論主管指揮什麼，員工都要為組織的共同目標而服務。當然，在設定統一指揮、統一控制的領導系統中，把握權力集中的程度是非常重要的，這就是法約爾強調的集中。

所謂等級鏈，就是從最高權力機構到最低階別人員之間的級別鏈。命令通常由最高權力機構釋出，然後透過等級鏈向下傳遞。同樣，基層的問題需要從最低階別的人員向上傳遞。這種等級鏈可以維持管理的基本秩序，但是也會帶來弊端。比如第一線工人發現用來開採煤礦的機器設計有問題，然後將這個問題逐級向上反映，從班組長到礦長，最終到總經理。總經理把這個問題反映給機器的生產製造公司，製造公司再透過等級鏈將問題發送給第一線的設計人員。這一套流程十分繁瑣複雜，更不要說問題還可能在傳遞的過程中產生誤差，最終答非所問。法約爾認為，管理者可以透過建立第一線工作之間的聯繫來弱化等級鏈的負面影響。

(四) 組織層面

組織層面關注的是組織中蘊含的基本特質，這些基本特質決定著組織的價值觀和發展理念。法約爾認為組織層面需要關注秩序、公平、團隊精神等方面的內容。

所謂秩序，就是每個人都處在他應該在的位置上。所謂公平，就是每個人的位置都能給他以公平、正當的待遇。秩序和公平是緊密相連的。法約爾認為，管理者的責任在於建構一種和諧、完備的位置系統，這一種位置系統需要管理人員對工作人員的素養和需求有清晰明確的理解，妥善建立保障組織效率最大化的位置系統，選拔培養優秀的人才。團隊精神，不僅強調個人利益服從整體利益，還強調團隊中要形成有效的溝通，不能因為分工而使團隊變成一盤散沙。

四、管理的要素：計劃、組織、指揮、協調、控制

法約爾將管理的要素分為五個方面，分別是計劃、組織、指揮、協調、控制。

(一) 計劃

所謂計劃，就是對未來進行評估並作出準備，包含想要的結果、行動路線、經歷的階段和使用的方法。法約爾認為，計畫的制定是每一個企業最重要也是最困難的工作，因為計劃不僅涉及企業所有的部門，也涉及準確評估企業可用的資源和任務的緊迫性問題。

那麼怎樣才能制定出一個好的計畫呢？法約爾認為，這需要管理者具

備管理藝術、保持管理人員的穩定和有管理專業能力。首先，法約爾認為，在大企業中，大部分的部門主管都參與工作計畫的制定，但是這項工作處於日常工作之外，屬於日常工作的補充，所以需要管理者主動肩負起一定的責任，這就需要管理者不懼困難、不怕承擔責任、主動熱情。這種主動、不懼困難的品格就是管理藝術。

其次，一位新到任的管理者需要充分了解企業的經營活動、公司資源和發展空間，也需要相當長的時間來制定有效的計畫。如果管理者的任期不夠穩定或者任期過短，計畫就會大打折扣，這就是法約爾強調的管理人員的穩定。

最後，管理者的專業能力也是非常重要的。法約爾認為，好的管理者必須了解一些專業知識，這樣才能對工作量有準確的評估和把握。沒有專業知識基礎的工作計畫是空中樓閣，是不能切實有效地執行下去的。

(二) 組織

法約爾提出，組織的過程就是為企業的運轉配備一切有用要素的過程，要素包括原料、設備、資本和人才。只有配備了基本的要素，企業才能完成其他基本職能。隨著企業規模的增加，企業的組織結構更加複雜，一個企業內部往往有很多部門。法約爾認為，面對管理人員眾多的情況，建構一個良好的組織，關鍵在於培養良好的管理者，這就需要我們關注管理人員的素養和管理人員的培訓。

一是管理人員的素養。健康和體力是管理人員展開工作的首要條件，管理人員需要精力充沛地投入到工作中，不健康的身體勢必影響管理的效率。同時，智慧和腦力也是必需的條件。管理人員需要有充沛的智慧來理

解各種情況，汲取經驗教訓，做出合理的判斷。當然，作為一個管理者，最重要的還是道德素養。法約爾認為管理者要上進、正直，要具有承擔責任的勇氣。而且越是高層的管理者，越強調道德素養的重要性。

二是管理人員的培訓。法約爾旗幟鮮明地提出了管理人員培訓的準則：注重實務教育，避免數學濫用。注重實務教育，指的是管理者必須懂得一些基本的技術知識，必須理解第一線工作的任務內容，必須學會將複雜的技術要求與管理原則互相結合。法約爾認為，一個不了解鍋爐原理的管理者是無法憑自己的經驗制定出合理的產量計畫的，任何參與工業企業的管理者都要對工業生產有基本的常識。同時，法約爾也對數學教育提出了鮮明的批判。

他認為一般的管理者根本無須學習高等數學，高等數學在工業生產中毫無用處。他還指出，數學教育會讓管理者過分強調數字的重要性，導致管理工作脫離實務，無法制定出符合實際需要的管理計畫。

(三) 指揮

組織一旦建立起來，就必須要行動，才能產生成果，這就是指揮的任務。這個任務被分配給企業的各級領導人，每一位領導人負責特定的部分。

法約爾認為，要形成良好的指揮系統，管理者就要重視自己的行動判斷能力和自己與員工之間的關係。

所謂行動判斷能力，就是管理者能夠在各種不同的環境中及時有效地做出富有成效的行動。比如及時淘汰無能的員工。如果一位員工身居高位，受人尊敬和愛戴，曾經做出很大的貢獻，但是其工作能力逐漸變弱，

變得不再能夠勝任他的工作職位，這時管理者就需要承擔起自己的責任，他必須立即行動，維護集體的利益。雖然這種決策可能會讓員工產生不安全感，但是管理者必須信念堅定。

管理者也要關注自己和員工之間的關係。管理者要充分理解員工和企業之間的契約關係，扮演好自己的雙重角色。面對員工的時候，管理者要捍衛企業的利益；面對企業的時候，管理者要捍衛員工的正當要求。這就需要管理者公正廉潔、機智靈活，保護各方利益。

（四）協調

協調就是讓企業所有的活動都和諧一致，讓企業保持正常執行，以利於企業目標的實現。協調就是一種達成目標的工作方法，其關鍵在於使事物和行動保持合適的比例。

法約爾認為，良好協調的關鍵在於召開有效的會議。會議的目的應該是彙報公司的執行情況，釐清各個部門之間應該如何互相幫助，將不同的管理者集中在一起討論如何解決問題。比如法約爾所在的煤礦企業就每週召開一次例會，討論各個部門主管提出的問題，對下週的工作做出安排。事實證明，每週例會這種會議制度非常有效，時至今日，每週例會已經成為很多企業的固定安排。

（五）控制

控制就是檢查考核各項工作是否按照計畫規定的統一標準執行，是否合乎原則。控制的目的在於指出工作中的錯誤和失誤，以便能夠及時糾正和避免問題再次發生。

法約爾提出，良好的控制既要採取合理的獎懲行為，也要避免過分的干涉。

　　管理者必須設計出一套有效的獎懲制度來對工作中的問題和成果進行控制，這套制度要關照到各方面，既不能忽視員工的成果，也不能忽視發現的錯誤。

　　同時，管理者也不能盲目擴大控制權。法約爾認為，擴大控制權的最大惡果就是形成雙重領導，員工不得不聽命於監察的管理者和本身的管理者兩個領導。

02
《組織的概念》：
基本理論與實務方法

20 世紀最具創見的組織行為學大師
—— 查爾斯·漢迪（Charles Handy）

查爾斯·漢迪（1932～），出生於愛爾蘭，與現代管理學創始人彼得·杜拉克（Peter Drucker）並稱為「當代最知名的管理大師」。

漢迪在強化組織管理目標的基礎上繼續深入探究組織、人以及社會三者之間的關係，是20 世紀最具創見的組織行為學大師。漢迪不僅具有嚴謹的邏輯思考能力，還具有非凡的想像力，同時對政治和社會學有深入的研究，是一名通識型學者，因此也被譽為「新秩序的預言家」、「管理哲學之父」、「藝術管理大師」。

漢迪晚年的著述揉合了市場經濟、企業文化與人本主義觀點，關注組織內部員工的行為與心理，尊重個人的發展，因此他不僅是管理

查爾斯·漢迪

大師，更是人道主義者，他的著作將管理理論帶到了一個新的高度。漢迪以「組織與個人的關係」、「未來工作形態」的新觀念聞名於世，同時對管理學界的貢獻頗豐，提出了一系列概念，如自僱工作者、適當的自私、聯邦制組織、三葉草組織、中國式契約等。

一、為什麼要寫這本書

《組織的概念》(*Understanding Organizations*)是漢迪於1976年出版的首部著作,勾勒出漢迪心目中西方經濟的商業革命歷程,描繪了組織中人與人之間的關係。

在組織的日常執行中,無論是管理者還是員工,常常會有這樣的疑問:組織的基本模式將如何發展?工作生涯的未來會怎樣?管理者的角色是否有必要存在?什麼樣的工作方式與生活方式最適合21世紀的社會?對於這些重要問題,漢迪提出了精闢的回答。他以開放的眼光重新審視組織的真正意義,關注的是人本身,側重於面對組織時個人該怎麼辦的問題。

漢迪將理論與實務結合,闡釋了相關的概念、理論和典範。然而,組織理論無法提供實行管理的具體建議,漢迪也並非要尋找一種解釋方法來定義組織的困境。他並不想提供一個面面俱到的手冊,只是想提供一種思路,告訴大家如何將組織行為學的概念和理念落實為實際的組織行為。

二、員工:組織的人力資產

一個成功的組織離不開組織中的人,「人力」是組織中的重要資產。漢迪提出的組織發展整體方案,就是指透過改變組織的某些方面及其工作方式來提高組織的效率,以實現個人的目標和價值觀與組織的目標和價值觀的整合。同時,組織文化的改變會對組織中的個人產生影響。組織發展整體方案的最大價值在於,透過整合組織中的主要問題,推動組織的整體性改變,避免因重複解決組織中的個人問題而帶來低效率的管理。因此,

組織中人力資產的管理，尤其是評估系統、職業規劃和薪酬制度中所涉及的一些方法尤為重要。

組織中的「人」雖然在帳目上屬於成本，但實際上是一種資產，是生產性的資源。資產是完全屬於組織的，但就人力資產而言，組織中的個人是否有自我決定權呢？這種把人作為資產來管理的理念，雖然尚未獲得財政學和心理學方面的論證，但對個人、組織甚至社會都有重大的意義。

眾所周知，組織執行需要消耗一定的成本，而成本包含資本成本和維護成本。就常規組織而言，人力資產沒有資本成本，因而不需要折舊。組織所派發的薪資和獎金是「人」的維護成本，這種成本當然越低越好。但對某些組織來說，人力資產十分重要，這就需要高昂的維護成本。一些需要技術性人才支撐的組織也會提高人才的辭職成本。例如一些組織與員工簽訂服務期限協議，員工未滿服務期而辭職將賠償高額的違約金，以此來阻止人才的流失。

資產具有一定的生命週期，就人力資產而言，培訓和發展極為重要。漢迪提出了四種組織文化：角色文化、權力文化、任務文化及個體文化。

- 權力文化型組織存在著一個發揮控制作用的中央權力，這種組織缺乏員工的參與性。
- 角色文化型組織的工作由程序和規則來控制，這種組織一般也被稱為官僚機構。
- 任務文化型組織的主導思想是實現目標，這種組織具有很強的靈活性和適應性。
- 個體文化型組織以個體為中心，組織的存在只是為了服務和支持其中的個體，這些個體以專業人士為主。

組織中個人發展的途徑主要有三種，包括正式教育和培訓、群體學習以及任務或有計畫的體驗，不同的培訓方式適用於不同文化類型的組織。

- 正式教育和培訓幾乎存在於每一個組織中，組織可以透過對新進人員進行「融入教育」把他們與組織綁在一起，使他們受到組織管理模式的影響，這種培訓方式尤其適用於角色文化型組織。那些詳細且明確的工作定義是系統化培訓新人最有效的方案，使他們盡快適應角色文化型組織的秩序感與責任感。
- 群體學習強調一個人在學習過程中與其他人進行互動的能力。群體學習高度關注人際或互動技能的培養，是組織及個人常見的培訓及學習方式。
- 任務或有計畫的體驗是指透過完成既定目標在實務中學習的培訓方式，是員工發展中最常見的一種培訓形式，也是潛在效果最好的一種培訓方式。任務或有計畫的體驗十分強調個體的主觀能動性，尤其是在任務文化型組織及權力文化型組織中，個人的知識主要透過經驗或模仿獲得，且通常由個人主動發起學習。員工要從經驗中獲得屬於自己的知識，就要有對具體事件進行歸納、整合的能力，要從現實情況中學習以及從他人或榜樣身上學習。在這一種情境下，學習速度最快的是那些對自己的目標和職業道路最清楚的人。

三、組織內部：組織結構與工作設計

組織不是機器，而是由人組成的社群，有著和其他社群一樣的行為方式。與自然界一樣，適者生存的規律同樣適用於組織。在實際的組織管理中，運氣會占很大一部分，但這並不能被視為組織的執行常態。對於組織

理論的運用，我們不能生搬硬套，要在實務中不斷推進組織理論的深度，正確解讀組織中各個變數之間的相互作用關係。

(一) 統一性是組織穩定狀態的表現

統一性是組織穩定狀態的表現，追求穩定的組織往往對組織的統一性有很高的要求，這在角色文化型組織中最為常見。統一性意味著標準化和中央集權式管理，且組織上下奉行通用的政策及程序。同時，組織對多樣性也有要求，包括區域、市場、產品、技術以及目標等方面的多樣性。再者，組織中的個體是被複雜性和簡單性兩種願望交替推動的，因此豐富的工作又會逐漸趨於簡化，並最終歸於單調。沒有了統一性或中央控制的束縛，多樣化的工作方式會讓人心情愉悅，但過度的多樣性會造成不必要的浪費，且會使組織充斥太多的合作機制，使組織缺乏有效性，人們在工作中也會更有挫折感。

實際上，統一性通常更受到組織的偏愛，因為它的可預測性更強、效率也更高，但也會造成員工壓力大、組織不靈活等問題。因此，組織既需要結合統一性與多樣性，也要確定多樣性的適當程度和適當形式，包括調整文化以適應組織結構、確立管理平衡點和權力歸屬等問題。

(二) 多樣化是組織結構的特性

多樣化是組織結構的特性，組織中的各類競爭便是組織多樣化的明顯表現。良性競爭是組織工作設計中的一個重要環節，只有理解良性競爭和破壞性衝突之間的區別，才能激發團隊的創新活力，促成有用的改革。競爭有助於選拔，但也要看競爭是開放的還是封閉的。

如果把競爭的成果看作一塊大蛋糕，那麼封閉式競爭的蛋糕數量是一定的，競爭者往往為了爭搶蛋糕而頭破血流，即過於重視結果而忽視產生創造力的過程，容易造成組織內部混亂。開放式競爭沒有蛋糕總量的限定，就像馬拉松長跑，只要人們能跑到終點，都會獲得獎賞，因而開放式競爭更能夠激勵組織中的員工，激發群體活力，帶給群體一個共同的目標，使員工在工作中投入更多的精力，做出更多的努力。

（三）沒有一個組織能夠「獨自成為一個島嶼」

漢迪認為，沒有一個組織能夠「獨自成為一個島嶼」，每一個組織都在由各個組織編織成的網中。因此，只討論組織的內部結構是遠遠不夠的，還應考慮外部多樣性的管理。聯盟是組織工作的一種方式，它將多樣性轉移到了組織之外。有學者將聯盟比喻成「婚姻模式」，並作出了以下歸類。

- 傳統夫妻，一方在家，另一方出去工作，相當於兩個公司各行其是，並以其業績優勢互相補充。
- 事業型夫妻，雙方均出去工作，在工作領域可能互相競爭，但在家庭事務方面又互相合作，相當於兩個公司在某些領域競爭的同時又在某些領域合作。
- 互補夫妻，雙方性格相對但目的相同，相當於兩個公司雖組織文化不同，但最終的產品目標相同。
- 好朋友，事業上的搭檔，雙方均無時間或意願結婚並保持合理的情感邊界，相當於公司設定嚴格的競爭界限，在一定範圍內進行合作。

- 強制婚姻，因一方受到威脅而勉強結婚，類似於銀行為免遭接管而著手合併。

透過這些聯盟方式，組織能夠藉助外部力量強化自身的實力。

四、管理者：組織中忙碌的「全科醫生」

組織中的個人對組織執行有著重要作用，而管理者可以說是組織中的特殊人群，因為他們負責組織的運轉。優秀的管理者經常被稱作組織的設計師。當然，並不是每個人都可以設計組織。同時，絕大部分的組織都不是設計出來的，而是逐漸成長起來的。

在組織實務中，一名管理者即使不參與整個組織結構的設計，至少也有責任為自己的下屬設計工作。需要注意的是，管理者與組織中的員工並不是相互獨立的，管理的過程其實就是管理者與手下員工良性互動的過程。因而，如何平衡管理者與員工之間的關係是一項管理的藝術。在組織工作設計過程中，工作擴大、參與、授權、自治工作群體是管理者常常要面對的四個主要問題。

- 工作擴大是指透過改變工作方式使工作豐富起來，製造工作的多樣性，減少單調乏味的工作引起的厭倦、冷漠和挫敗感。目前，很多不同類型的組織已經開始制定全公司範圍的工作擴大計畫，有些組織已開始嘗試完全或部分地放棄裝配生產線，以裝配站取而代之，即讓一名員工或一組員工裝配整個產品或大部分的產品。

- 參與是指增加員工參與管理階層決策的機會，在合理的條件下，參與能提高員工的貢獻率，使員工有一種「主角」的責任感。參與有時也被認為是工作擴大的一種形式，有時則被認為是促使工人盡心盡力的一

種方式。從心理學的角度來看，人們總是希望能夠掌握自己的命運，能夠掌控身邊的事物。因此，在某種程度上，參與是民主領導規範的成果，甚至是一種文化信仰，這種管理方式被認為是人性化管理的典範，贏得了許多讚賞。

◉ 授權是指管理者將完成某項工作的決策權移轉給部屬的行為。有調查顯示，許多管理者認為自己應該多下放一點職權，並希望自己的上司也是如此。然而，授權的關鍵問題在於解決「信任－控制」的困境。在任何一個管理情境中，信任和控制所耗費的時間和精力是恆定的，也就是說，監督、檢查或控制下屬的工作需要花費上司的時間，同時只要控制機制存在，下屬就會有一種依賴傾向，即只在上司期望的範圍內做事。而信任的成本相對低廉，但要冒風險，即使下屬沒有按照上司的方法去做，上級也必須對下屬做的事負責。

◉ 自治工作群體是指讓整個工作群體參與管理決策，同時實施自我約束的管理方式，這也是一種授權。其風險在於，自治工作群體所訂立的規範和目標可能與組織的整體規範和目標不匹配。同時，對群體進行授權、放棄控制、依靠信任比對個人要難得多。

管理者是組織問題的第一經手人，就像一名全科醫生，他必須辨別各種症狀，診斷疾病或找到問題的原因，制定診療方案並開始治療。管理者得到的報酬比工人多，因此也要面對無窮無盡的困境與壓力。漢迪認為，只有深陷其中的管理者才能解決這些困境，因而他希望提供一些解決方案來引導思考。

其中，「建立穩定性地帶」便是漢迪提出的一種減緩壓力、補充精力的途徑。「穩定性地帶」可以是一個地點（如家庭是大部分人的穩定性地

帶），也可以是一段時間（如假期、週末、休假等）。然而，這些地點與時間常常不易獲得。

- 「建立常規」是建立穩定性地帶的一個重要方法。建立常規是指在每天固定的時間段完成固定的任務，進而按照習慣做出一些決策來完成瑣碎的事。由於不斷進行決策會耗費人大量的精力，因此「建立常規」可以讓我們把更多的精力留給更有用的事情。

- 此外，當局者迷，旁觀者清，當遇到瓶頸時，外部人士的意見可以幫助管理者看清真相，這種意見是一種有效的「催化劑」，也是減少壓力的一種途徑。

- 困擾管理者的最大問題依舊是「時間」。除了管理者要思考合理的時間安排之外，組織也應提供相應的支持，比如設立供人沉思的藏書室、允許假期之外的偶然休假等。這些支持有助於管理者為組織將來的發展留出思考時間，可以避免其在壓力之下做出「短視」的行為。

五、組織的未來：潮流中的不斷更迭

時代在變化，諸多外部因素影響著組織的發展，在戰爭、人口結構、技術等因素的影響下，一些原有的關鍵假設即將失靈，新的典範將取代舊的典範。

漢迪認為，潮流對組織設計而言極為重要，甚至不亞於任何基本的行為理論。改變組織環境中與技術改革緊密相連的價值觀，將影響組織理論的經典假設，也就是說，「專注＋專業＝效率」，組織中的等級制度是一種自然現象，勞動力是成本，組織是財產的一種形式。組織的變化是非連續性的，不能永遠依據昨天的假設來管理明天的組織，因而我們需要覺察

到，這些關於組織的舊有假設正在失去價值。

首先，「專注＋專業＝效率」這一項等式會隨著「知識工作者」的出現而被打破，大腦已取代肌肉成為關鍵的增值要素，「勞動細分」可以讓每一位知識工作者選擇一塊小的領域進行深入發掘並實現專業化，組織也會因此變得靈活，降低了執行成本，每一個領域都可能出現全自動化的裝配生產線。

其次，組織中的等級制度是一種自然現象，而在現代組織管理中，組織已朝著扁平化發展。這種扁平化管理模式是指透過減少管理層次，壓縮部門機構與人員，縮減組織管理層級機構，使決策快速延伸至組織的操作層面，提升組織效率。尤其是網際網路公司的出現，使公司的官僚制度系統不斷衰減。

再次，勞動力不是成本，不應比照財務或資金的用法來使用勞動力。組織只有投入時間和金錢培養勞動力的技能，增強風險精神，才能為組織帶來長遠的回報。

最後，組織不再是一種財產，而是朝著社會團體發展。團體不屬於任何人，而是人們屬於團體，人們在團體中扮演著不同的角色並有著不同的利益關係，因此產品消費者同樣有權因向更好或更便宜的產品投入資金而分得一部分剩餘利潤。

此外，引導組織未來的四條重要線索如下。

- 第一，通訊革命使組織格局產生改變。現如今我們都已感受到網路的力量，未來資訊科技的發展將繼續引發組織產生翻天覆地的變化。
- 第二，個人和組織之間的契約關係將產生變化。越來越多的組織會為已完成的工作內容支付勞務費，而不再為人們的工作時間支付薪資，

大型企業或公司可以透過特許經營、專業分包、小組分包等方式實現專項任務。

- 第三，工具替代了機器。工具可以延伸人的能力，機器則需要人的維護，隨著社會不斷推廣自助型服務，小型化與精密化機器不斷發展，很多服務工作能夠依靠個人輕鬆地完成全部工序，不再需要企業提供高成本服務。
- 第四，數量經濟向品質經濟轉變。隨著物質的極大豐富與發展，大部分的人所擁有的金錢已經能夠滿足生活所需，人們的非物質主義價值觀將逐漸顯現，薪資不再是組織解決員工動機、關係、權威以及控制等問題的「萬能藥」。薪水很重要，但可自由支配的時間、陪伴家人、更好的工作條件等也同樣重要。

由此可見，組織未來將不斷面臨新的挑戰，那麼該如何應對呢？在組織工作設計中，我們剖析了組織中的競爭與衝突，而面對組織的未來，需要用長遠的眼光將競爭看成開放的。競爭者之間必須進行合作，而不是爭鬥。同時，優秀的組織總是在不斷的學習和成長。有些人希望組織的發展是一種漸進而不是革命，然而，組織中的差異與改革是無法避免的，權力衝突常常迫使組織打破老舊僵化的結構，進而獲得革新與發展。

因此，經過適當引導的競爭是改革的關鍵，而具有突破性的改革能夠在某些組織發展的關鍵節點上激發組織的潛力。不僅是組織，組織中的個體也應學會熱愛改變，永遠前進。因為與技術、產品、觀點一樣，組織和組織內部的執行機制具有一定的生命週期，繁榮過後就會衰落。因此，組織的可持續發展需要允許舊方法消亡、新方法生長。

03
《彼得・杜拉克的管理聖經》
：不在知，而在行

現代管理學之父 —— 彼得・杜拉克（Peter Drucker）

彼得・杜拉克

彼得・杜拉克（1909～2005）出生於奧匈帝國統治下的維也納，祖籍荷蘭，其父是哈布斯堡王朝的高級文官。1937年，杜拉克移居美國，曾在一些知名企業裡擔任管理顧問，於1943年加入美國籍。

杜拉克曾受聘於紐約大學研究所，擔任了20多年的管理學教授，是當代國際上享有盛名的管理學家，被稱為「現代管理學之父」，在管理學領域裡貢獻卓越、影響深遠。2002年，彼得・杜拉克成為「總統自由勳章」得主，這是美國公民所享受的最高榮譽。杜拉克一生著述豐厚，他曾任《華爾街日報》（*The Wall Street Journal*）的專欄作家，於《哈佛商業評論》（*Harvard Business Review*）上發表了30多篇文章，至今無人打破這項記錄。杜拉克的著作更是多達數十部，其中1954出版的《彼得・杜拉克的管理聖經》（*The Practice of Management*），奠定了其管理學大師的地位，也象徵著管理學的誕生。

一、為什麼要寫這本書

在《彼得・杜拉克的管理聖經》中，杜拉克以全方位的視角，系統地從實務方面講述了管理的真正意義，把「管理」這門學科分析得更加完整和透澈，《彼得・杜拉克的管理聖經》也因此成為管理學的開山鼻祖之作。

1920年代末到1930年代初，世界經濟陷入前所未有的危機，由腓德烈・溫斯羅・泰勒（Frederick Winslow Taylor）的科學管理理論、法約爾的管理過程理論、馬克斯・韋伯（Max Weber）的古典行政組織理論構成的古典管理理論，確實在提高資本主義市場勞動生產率方面取得了顯著的成績，但是在執行過程中，過於標準化而顯得刻板的生產模式、只追求高效生產和利潤最大化而忽略工人本身需求的管理方法，激起了工人、尤其是工會的反抗，這讓資本主義國家的統治者意識到，古典管理理論已經不適用於當時的生產環境，管理理論急待更新。

1943年，彼得・杜拉克受聘為當時世界最大的企業美國通用汽車公司的顧問，負責研究美國通用汽車公司的內部管理結構和管理政策。艾爾弗雷德・普里查德・斯隆（Alfred Pritchard Sloan）是當時通用汽車公司的總經理，在他的領導下，通用汽車公司的績效超過了福特汽車公司，成為全球最大的汽車製造公司。1964年，斯隆出版了《我在通用汽車的歲月》（*My Years with General Motors*）一書，杜拉克為其作序。在序中，杜拉克認為斯隆是首位在大型公司裡設計出一套系統化的組織架構、規劃和策略、評估系統及分權原則的人，而斯隆的這番作為，也為美國經濟在第二次世界大戰後40年處於世界經濟的領導地位打下了基礎。美國記者傑克・貝提（Jack Beatty）強調：「斯隆的正直、榜樣管理以及對管理者自身的重視，深深影響了杜拉克此後的管理思想。」1943至1945年，杜拉克把全部的

時間用來研究美國通用汽車公司的管理模式,並累積了豐富的管理經驗,在此基礎上形成了自己的理論。

1946年,杜拉克完成了《企業的概念》(*Concept of the Corporation*)並予以出版,該書講述了「擁有不同技能和知識的人在一個大型組織裡如何分工合作」,並首次提出了「組織」這一個概念,奠定了杜拉克在「組織理論」方面的歷史地位。該書出版後,卻被通用汽車公司的高階主管們摒棄,因為書中對通用汽車公司的內部政策提出了質疑,如勞資關係、總部員工的運用和作用,以及經銷商關係等方面的政策是否合乎時宜,但這並不影響《企業的概念》在市場上的暢銷。

繼《企業的概念》之後,管理學界對於高層管理的職能和政策並沒有什麼創新性的理論。於是,杜拉克將在通用汽車公司視察時得到的啟發進行昇華,從全新的視角來審視管理,將經驗和智慧再次集結成冊,於1954年出版了第一本將管理視為一個整體的管理學著作《彼得‧杜拉克的管理聖經》。杜拉克從「企業作為一個機構、作為一個由人組成的社會『組織』、作為一個受到公共利益影響的『社會機構』」三個方面來描繪企業,並提出了一個對後世影響深遠,甚至可以說改變世界管理現象的概念——目標管理。

「目標管理」理論的提出,與當時的時代背景有著千絲萬縷的連繫。1920年代末到1930年代初的「大蕭條」是資本主義國家歷史上破壞性最大的危機,管理學家也因此注意到除了公司硬體設施以外的、造成企業效率下降的影響因素,以研究「個體和團體的需求與行為」為對象的行為科學理論和學派便應運而生。杜拉克受到行為科學理論的啟發,他結合行為科學理論與管理學,開創了「目標管理」的先河。

根據「目標管理」理論，管理者需透過目標的分化，對下級實施管理，以激勵的方式讓員工參與到目標的制定、規劃、實施過程中，根據各個分目標的完成情況對下級進行考核、評價和獎懲。這一項管理模式推出時，正值第二次世界大戰後西方經濟恢復轉向發展的時期，各個企業爭相轉型以提高競爭力，於是目標管理理論被廣泛應用開來，並很快推廣到日本、西歐等國家與地區。

二、研究視角：透過本質看管理

　　杜拉克強調，實務是管理學的靈魂，「管理學研究是實務行動的結果」。一切實務的問題，從根本上看都是思想的問題。面對實務的管理，需要我們對管理的本質有充分的理解，進而衍生出可實踐的理論、方法、模式，從而引導實務。但縱觀管理學界的理論論著，切斯特‧歐文‧巴納德（Chester Irving Barnard）的《經理人員的職能》（The Functions of the Executive）、瑪麗‧帕克‧傅麗特（Mary Parker Follett）的《動態管理》（Dynamic Administration）、泰勒的《科學管理原則》（The Principles of Scientific Management）等都只是單一地探討管理的某個方面，沒有從整體的角度概括出管理的本質。杜拉克則隨時注重從各個問題的本質出發，幫助管理者認清根源、認清現實。

　　管理究竟是什麼呢？杜拉克說：「管理就是界定企業的使命，並激勵和組織人力資源去實現這個使命。界定使命是企業家的任務，而激勵和組織人力資源去實現這個使命是領導力的範疇，二者的結合就是管理。」杜拉克的這段話揭示了管理的本質，並涉及三個因素，即管理者、企業組織和社會。妥善協調二者之間的關係，讓組織的目標得以實現，讓組織裡的

個人獲得成就，讓企業承擔社會責任並為社會做出貢獻，就是管理者在實務上應該隨時關注的一系列問題。

管理階層應該做什麼呢？很多管理者認為，管理者只是指揮、命令他人去完成本職工作。杜拉克則提出，管理者應該具備三個職能，即管理企業、管理管理者、管理員工。

首先，管理企業在三項職能中居於首位。企業是一個機構，它的活動範圍和發展潛力都是有限的，管理階層必須主動採取行動，對外剷除經濟環境的變動對企業的限制，對內促使企業生產產生效益。杜拉克認為：「只有當管理者能以有意識、有方向的行動主宰經濟環境、改變經濟環境時，才算是真正的管理。」這也是目標管理的核心所在。

其次，管理管理者就是指調配企業中的人力和物資。杜拉克受到行為科學理論的影響，提倡在管理中要尊重員工的意願，要人盡其用，把人才擺在合適的位置，並透過激勵的手段促使他們發揮主觀能動性，從而創造價值。我們習慣上認為基層員工是聽管理者命令行事的，其實這是一個誤解，許多基層工作是帶有管理性質的，如果將其改為管理性質的工作，會使員工發揮出更大的生產力。杜拉克認為「管理者是企業最昂貴的資源」，因此企業管理者必須充分利用這一項資源。

最後，管理者要管理員工。工作必須由人來執行，而這個「人」包括了從基層技術人員、非技術人員到企業執行副總經理在內的所有人，這意味著要對所有的員工進行有效的組織，才能使其發揮出最大的生產力。

總之，管理具有綜合性，在實務上每一項決策都會影響管理的三項職能，因此，管理者在做決策的時候，要將三項職能同時納入考慮的範圍。

此外，杜拉克還強調「企業在管理過程中必須把社會利益變成企業自

身的利益」，在達成社會利益的同時，社會利益又影響企業的優良發展。企業也是一種社會組織，必須承擔應有的社會責任，接受社會的監督，一旦違背社會的公共利益，將受到社會的抵制。

三、核心思想：讓一群平凡的人，做出不平凡的事

第二次世界大戰結束後，歐洲技術人員和管理人員曾到訪美國，研究如何提升生產力的問題。訪問團最先預測提升生產力和企業所採用的機器、工具或技術有直接關係，但是透過觀察、探討，他們發現這幾種因素對生產力的提升作用不大，而人力資源，確切地說是管理者和員工的基本態度才是根本。由此驗證了杜拉克的觀點：員工的工作動機決定了員工的產出。

現在的管理狀況是怎樣的呢？杜拉克說的「普遍的、有害的經營惡習：靠『壓力』和『危機』進行管理」一語道出了當今企業管理普遍存在的問題，即忽略個體的需求，用施壓的方式，讓員工產生恐懼感，從而被動完成手中的工作。但恐懼所帶來的負面影響，比如能力弱化、削弱團體的力量、讓人變得腐化墮落、產生消極抵抗的心態等，都是不利於企業發展的。當代管理者需要懂得如何將施壓變為激勵，用正面的誘因取代負面的施壓，如此一來，員工的工作動機自然就會得到提升，這是最困難，也是最重要的任務。簡言之，按照杜拉克的觀點來看，「平凡的人」才是管理的核心。

如何去管理人呢？杜拉克認為，員工不僅是資源，也是「完整的人」，是「人」就會有自己的需求和意志，每個人對自己要不要工作、如何工作有絕對的自主選擇權，唯有讓個人心甘情願地發揮主觀能動性，才能

為企業、為自己創造出最大的價值。杜拉克主張在管理中正面評估人，負面評估事，在企業評價系統裡發揮績效考核的正向功能。管理者和員工只是責任上的區別，管理者的重要任務就是要將員工的目標導向組織的目標，依據客戶導向行銷理論，把握好工作重心，並與社會利益接軌，以更廣闊和遠大的視野確立企業的社會責任，聯動企業和社會，共同發展。

隨著新科技的發展，工廠的生產流程已得到整合，大多數生產線已經非常成熟了，工人已經從跟隨機器的步調轉變為決定機器的步調，員工已經從注重體力勞動慢慢轉變為注重腦力勞動，而這也更能發揮出他們的主觀能動性。人最擅長的工作，往往就是他最喜歡的工作，也是最能傾注自己的熱情和創造力的工作。

所以，一方面管理者必須先了解員工的長處、性格、責任感和能力，把員工安排在最適合的職位，充分利用員工的特長，鼓勵並引導員工個人的發展；另一方面，員工在這個職位上得到滿足之後，就會激發出自我實現的需要〔亞伯拉罕‧馬斯洛（Abraham Maslow）的需求層次理論認為，每個人都有五種與生俱來的需求，低層需求得到滿足之後，才能慢慢滿足高級需求。這五級需求分別是生理需求、安全需求、社交需求、尊重需求和自我實現的需求〕，主動去創造價值。

杜拉克以深邃、冷靜的目光洞察管理核心，對後繼管理者循循善誘，給予人啟迪。使工作富有成效，使員工富有成就感，是管理者要面對的永恆的主題。因此，管理者要學會從個體出發去規劃管理，把壓力轉化為動力，激發員工的主觀能動性，為他們創造積極且有一定發展空間的工作環境，激發員工潛在的創造力，讓員工和企業融為一體，而不能把眼光只局限在硬體設施和利潤上面，捨本逐末。

04
《管理思想的演變》：思想的脫胎換骨

管理思想史方面的權威 ──
丹尼爾·A·瓦倫（Daniel A. Wren）

丹尼爾·A·瓦倫（1932～），美國管理思想史學家，梅里克基金獎、管理學會年度傑出教育家獎及奧克拉荷馬大學工商管理學院傑出教授獎得主，曾擔任奧克拉荷馬大學哈里·巴斯企業史文獻收藏館館長及美國南方管理協會主席。

瓦倫對管理史的研究，為管理科學的系統性發展做出了巨大的貢獻，被視為管理思想史方面的權威人物，他的代表作有《管理過程、結構和行為》（Management: Process, Structure, and Behavior）、《流浪漢白領懷特·威廉的旅行》（White Collar Hobo: The Travels of Whiting Williams）、《管理思想的演變》（The Evolution of Management Thought）、《早期管理思想》（The History of Management Thought）等。其中，《管理思想的演變》是一部全面梳理西方管理思想演變歷程的經典之作，奠定了瓦倫在管理思想史上的權威地位，也為現代管理實務提供了重要的借鑑意義。

丹尼爾·A·瓦倫

一、為什麼要寫這本書

瓦倫寫成《管理思想的演變》，與他的專業學習、管理方面的實務經驗及其所處的時代密不可分。

從瓦倫的生平可以看出，瓦倫幾十年來一直從事有關管理方面的工作，一直在學習管理相關知識。瓦倫出生於美國密蘇里州的一個零售企業之家。18歲時，瓦倫考上了密蘇里大學，主修工業管理與人事管理。大學畢業後，瓦倫到家族企業中任職，同時修完了密蘇里大學勞工關係與管理專業的碩士課程，於1960年獲得管理專業碩士學位。隨後，瓦倫離開了家族企業，在密蘇里州的一家公司擔任生產主管。任職不久，瓦倫又毅然離開了這家公司，前往伊利諾大學攻讀工商管理學博士，主修管理學、經濟學和社會心理學，並於1963年獲管理博士學位。同年，瓦倫謀到了一份來自佛羅里達州立大學的助教職務，教授「管理思想史」課程。這門管理學入門課程的教學經歷，為瓦倫累積了大量的管理教學經驗。

瓦倫所處的1960年代，各種管理理論層出不窮，形成了各種流派，包括管理過程學派、人際關係學派、群體行為學派、經驗學派、社會合作系統學派、社會技術系統學派、系統學派、決策理論學派、數學學派、權變理論學派和經理角色學派。各種流派共同構成了管理理論的叢林，雖然理論叢林看起來很壯觀，實際上卻因眾說紛紜形成了莫衷一是的亂局。美國管理學家哈羅德・昆茲（Harold Koontz）將形成這種理論亂局的成因，歸納為以下四個方面。

◎ 一是對「管理」的概念理解混亂。

◎ 二是各派學者對管理、管理學定義及範圍看法不一致。

- 三是摒棄了前人對管理經驗的概括和整合。
- 四是曲解了前人提出的管理原則。

對於這樣的局面，瓦倫指出，許多管理學界的前輩留下了珍貴的思想遺產，但人們卻忽略了這些思想遺產，簡單地認為，昨天解決問題的辦法，對解決明天的問題不會有任何幫助。瓦倫認為這種想法是錯誤的，前輩們致力於研究的有關人的行為和動機的哲學思想和理論，如今依然有借鑑意義。同時，瓦倫也不贊成一些學者僅按時間順序將整個管理史簡單地分為幾個階段的做法，他認為這種做法過於粗糙。

為了釐清管理思想發展的歷史脈絡，結束管理思想叢林長期以來魚龍混雜的局面，瓦倫從文化和歷史的角度梳理管理思想學派，以期描繪出管理思想系統，供管理人士了解管理思想演變的歷史，以便鑑古知今，為今日管理者提供借鑑意義。基於這樣的背景，瓦倫寫下了他的經典之作《管理思想的演變》。他以時代變遷為經，以學派思想為緯，編織出管理思想發展演變的概貌。

二、研究視角：從文化角度解讀管理思想演變史

瓦倫認為，管理既是文化環境的一個過程，也是文化環境的產物。因此，研究管理思想要在文化範圍內進行探討。

瓦倫認為，文化包含了經濟、社會、政治以及科技等基本要素。其中，文化的經濟層面指的是人與資源的關係，社會層面指的是特定文化中人與人之間的關係，政治層面指的是個體與國家之間的關係，科技指的是製造工具和設備的藝術與應用科學。瓦倫認為，經濟、社會、政治及科技層面的互動，共同構成了文化，而管理是過去和現在的經濟、社會和政治

力量的一種產物。因此，文化是回顧管理思想演變的重要工具。瓦倫從人類社會發展中的經濟層面、社會層面、政治層面、科技層面進行綜合考量，確定了管理思想發展的文化背景，並以此為標準，把管理思想史分為早期管理思想時代、科學管理時代、社會人時代、當前時代四大部分。

第一部分，早期管理思想時代的文化環境

工業化之前，組織的主要形式是家庭、部落、教會、軍隊和政府，這些組織都存在著管理需求。比如家庭裡對奴僕的管理、古羅馬軍隊實行的「10 人編隊制」等，都可以被視為歷史上管理實務的開端。

十字軍東征為資本主義的萌芽提供了條件。經濟上，市場鼓勵創新和競爭，推動了規模經濟的發展，拉開了工業化的序幕。政治上，財產制度為企業管理的發展提供了制度背景。社會、經濟及政治形勢的發展，加速了工業革命的到來。

18 世紀中葉，英國爆發了第一次工業革命，以蒸汽機為代表的機器大工業生產開始出現，大批工廠隨之產生。這時，企業家發現，僅憑他一個人是無法指揮和管理所有活動的。於是，這些企業家開始聘請一些管理人員，管理作為第四種要素便參與到生產中。

第二部分，科學管理時代發生的文化背景

西元 1860、70 年代，第二次工業革命的發生使科學技術迅速用於生產，資本主義經濟全面形成，美國工業出現了前所未有的資本累積和工業技術進步。但是，管理不當嚴重阻礙了生產效率的提高。此外，工人的權利無法得到滿足，工人開始消極怠工，甚至罷工抗議，使得工人和資本家的關係嚴重惡化，勞資關係的對立嚴重影響了企業的生產效率。為解決工人及工廠的生產效率低下問題，科學管理思想應運而生。科學管理主要關

心勞動生產率的問題，主張用科學的工作方法和刺激性薪資制度實現現實的需求。

第三部分，「社會人時代」的文化背景

隨著生產力的進一步發展，人們發現，單純強調管理的科學性、理性化，並不能保證管理的持續成功以及生產率的持續提高。試驗已經證明，生產率不僅取決於管理的科學化，更取決於員工的積極性和態度。因此，在管理中要強調人的重要性，要以人為本。至此（1930年代），科學管理思想進入社會人時代。

第四部分，「當前時代」的文化背景

第二次世界大戰後，隨著科技尤其是資訊科技的突飛猛進，企業外部競爭愈加激烈，對企業的策略規劃和科學經營的需求隨之提高。此外，企業更注重基於人性化的柔性管理。於是，強調理性主義與人本主義的有效結合，把管理與經濟、技術、社會及政治環境連繫在一起的現代管理思想出現了。

簡言之，經濟、社會和政治的發展，推動著管理思想的演變，而管理思想的演變既是文化發展的一部分，也是文化的產物。當社會的基本結構和場景產生變化時，奠基在社會文化基礎上的管理思想也必然產生改變。

三、核心思想：各個時期管理思想代表人物及思想主張

瓦倫認為，各個階段的管理思想代表人物及思想主張為後世描繪出一幅完整的管理思想演變的歷史畫卷。

(一) 早期管理思想時代

在早期管理思想時代即管理思想萌芽時代，蘇格蘭經濟學家、自由主義經濟學的奠基人亞當·史密斯（Adam Smith）在《國富論》(*The Wealth of Nations*) 中指出，只有市場和競爭才是經濟行為的調節因素。亞當·史密斯在書中提出的勞動分工，對於提高勞動生產率和增加國民財富具有巨大的作用。同時，亞當·史密斯的分工思想直接導致管理學的誕生。

另外，亞當·史密斯的「經濟人假設」為管理學的發展做了理論鋪陳。對於管理學來說，必須從人的本性和動機出發來建構相應的理論和方法系統，所以後期管理學理論的發展都以「經濟人假設」為邏輯前提。可以說，亞當·史密斯的「經濟人假設」和分工理論，構成了管理學的理論前提和技術前提。

(二) 科學管理時代

19世紀末、20世紀初，產生了以美國「科學管理之父」腓德烈·溫斯羅·泰勒、法國「管理理論之父」亨利·法約爾，以及德國「組織理論之父」馬克斯·韋伯等為代表的古典管理思想大家。

1. 泰勒的思想主張

1911年，泰勒在他的主要著作《科學管理原則》中闡述了科學管理理論，這讓人們了解到管理是一門建立在明確的法規、條文和原則之上的科學。泰勒認為，科學管理的根本目的是謀求最高勞動生產率，最高工作效率是雇主和雇員達到共同富裕的基礎，要達到最高工作效率，重要手段就是用科學的、標準化的管理方法代替經驗管理。泰勒的科學管理思想主要包括：雇主與雇員利益的一致性；建立科學的生產標準和制度；科學地挑

選工人，並對他們進行培訓和教育；與工人真誠地合作，保證一切工作都按已形成的原則執行；專業化的管理職責等。泰勒的科學管理思想主要有兩大貢獻：一是管理要走向科學，二是勞資雙方的精神革命，即認為雇主和雇員雙方利益一致。

2. 法約爾的思想主張

1916年，法約爾的代表作《工業管理與一般管理》的發表，代表著一般管理理論的形成。法約爾將管理活動從企業經營活動中提取出來，區分了經營和管理的不同。法約爾認為，管理能力可以透過教育的方式獲得，並將管理活動分為計劃、組織、指揮、協調和控制五大管理職能。此外，法約爾還制定了管理十四項原則，分別是勞動分工原則、權利與責任原則、紀律原則、統一指揮、統一領導、個人利益服從整體利益、人員報酬的原則、集中原則、等級鏈、秩序原則、公平原則、人員穩定原則、創新精神和團隊精神。法約爾的一般管理理論為後世管理理論的發展做了理論鋪陳，被譽為繼泰勒的科學管理理論之後的「第二座豐碑」。

3. 韋伯的思想主張

韋伯在管理思想史上的最大貢獻，就是提出了官僚組織結構理論（即行政組織理論）。官僚組織結構理論的核心，是組織活動要透過職務或職位而不是透過個人或世襲的形式來管理。韋伯認為，這種高度結構的、正式的、非人格化的理想行政組織系統，是人們進行強制控制的合理手段，是達到目標、提高效率的最有效的形式。韋伯對理想的官僚組織模式的描繪，為行政組織指出一條制度化的組織準則。

(三) 社會人時代

在這一階段，大名鼎鼎的霍桑實驗及美國管理學家埃爾頓・梅奧 (Elton Mayo) 對霍桑實驗的結果分析，使西方管理思想從早期管理理論及古典管理理論進入行為科學管理理論階段。

1. 霍桑實驗

霍桑實驗揭示了工業生產中個體具有社會屬性，生產率不但與物質實體條件有關，而且與工人的心理、態度、動機，以及群體中的人際關係、領導者與被領導集體的關係密切相關。簡言之，實驗結果表明，工人的工作動機和行為並不只為金錢收入等物質利益所驅使，他們不是「經濟人」而是「社會人」，有社會性的需求。在此基礎上，「社會人假設」被提出。梅奧也因此建立了人際關係理論，而人際關係理論是行為科學理論的前提。因此我們說，霍桑實驗的研究結果，為人際關係學說及行為科學理論奠定了基礎。人際關係學說的獨特之處，就在於對人性的基本認識。基於此，人際關係學說認為，要激發員工的積極性，就應該使員工的社會和心理需求得到滿足。

2. 行為科學管理理論

行為科學管理理論研究人行為的產生、發展和相互轉化的規律，以便預測人的行為和控制人的行為。行為科學把以「事」為中心的管理轉變成以「人」為中心的管理，由原來對「規章制度」的研究發展到對人的行為的研究，使專制型管理開始向民主型管理過渡。同時，行為科學管理理論的成功也改變了管理者的思想觀念和行為方式。

(四) 當前時代

隨著科學技術、生產力和人類社會的進一步發展，各種管理理論和管理思想如雨後春筍般相繼湧現，形成了百家爭鳴之勢。美國管理過程學派代表人物之一威廉·紐曼（William H. Newman），對法約爾提出的管理職能進行了修訂，形成了修訂後的一般管理理論，以便適應現代組織的需求。此時，其他學科領域的知識開始滲入管理過程理論，如數學模型、行為科學的發現以及控制論。在這一段時期，組織行為理論獲得了重大發展。如美國組織行為學家基思·戴維斯（Kieth Davis）認為，現代人際關係包括兩方面的內容：一方面與透過調查來理解、描述和確認人類行為的因果有關，另一方面是人際關係理論知識在具體環境中的運用。

此外，人們開始對策略問題加以關注，出現了以策略管理創始人哈利·伊戈爾·安索夫（Harry Igor Ansoff）等為代表的策略學派。安索夫首次提出公司策略概念、策略管理概念、策略規劃的系統理論、企業競爭優勢概念，以及把策略管理與混亂環境連繫起來的權變理論。

05 《管理：任務、責任、實務》：學問的百科全書

現代管理學宗師 —— 彼得・杜拉克（Peter Drucker）

彼得・杜拉克（1909～2005）出生於奧匈帝國統治下的維也納，祖籍荷蘭，是現代管理學界德高望重的一代宗師，被譽為「現代管理學之父」和「大師中的大師」，他使得「管理」成為一門可以學習和傳授的學科，而他的著作則被公認為是管理學中最好的著作，他是「有史以來對管理學理論貢獻最多的大師」。

杜拉克一生致力於管理學的研究，共出版了數十部專著，數百篇論文，僅在《哈佛商業評論》上就發表30多篇文章，其中7篇獲得了

彼得・杜拉克

「麥肯錫獎」，這些著作和論文被翻譯成30多種語言，傳播到世界各地，影響了幾代追求創新和最佳管理實務的學者和企業家，各類商業管理課程也都深受杜拉克的影響。2002年6月，美國總統喬治・沃克・布希（George Walker Bush）宣布杜拉克為當年的「總統自由勳章」得主，這是美國公民所能獲得的最高榮譽。

一、為什麼要寫這本書？

1950 年，杜拉克出任美國紐約大學管理學教授，是世界上接受此頭銜並教授此課程的第一人。在杜拉克之前，雖然泰勒、法約爾、巴納德、梅奧等管理學大師的管理思想已經出現並傳播，但在大學的課堂上，卻從未開設過「管理學」這門課。

在教學與研究過程中，杜拉克發現，大量有關管理的書是以管理技巧為中心、以條規為中心或者以職能為中心的，它們從內部來考察管理，並且只從某一個管理者的某一項管理任務去探討，這些探討都是作者自己特別關心或專長的領域，而不是客觀的、非個人的管理任務。

在杜拉克看來，管理不僅是一種常識，也不僅是累積起來的經驗，它至少蘊藏了一套系統化的知識。杜拉克寫作《管理：任務、責任、實務》（*Management: Tasks, Responsibilities, Practices*），主要目的不是告訴管理者如何做，也不是告訴管理者如何利用各種工具來做，而是將重點放在管理的成效上，從客觀的、非個人的管理任務出發，為管理者提供一套系統化的知識和基本原理。透過學習這些系統化的管理原理，今後的管理者可以在工作上取得成效。

二、研究視角：
以管理任務和管理人員為中心，以實務為核心

從這本書的書名我們就可以看出杜拉克道出的管理真諦：「管理是任務，是責任，是實務。」從這個角度，我們也可以把「管理」詮釋為：管理任務、承擔責任、勇於實踐。《管理：任務、責任、實務》一共有三大部分內容。

第一部分是「任務」。

杜拉克在這一部分從外部來考察管理，研究了管理任務的範圍，以及管理任務各方面的必要條件，這一部分回答的問題是「管理的任務是什麼」。

第二部分是「經營管理者：工作、職務、技能與組織」。

這部分重點討論了要完成第一部分的管理任務，管理者需要承擔的工作和職務，以及需要具備的組織管理技能。

第三部分是「高層管理：任務、組織、策略」。

這部分討論了高層管理的任務、結構及策略，這一部分是在第一、第二部分的基礎上，討論「高層管理」的特殊性，包括它的特殊任務、特殊組織結構、特殊技能與挑戰。

不難發現，第一部分「任務」是全書的重點，也是全書的出發點。但是，在杜拉克看來，管理是任務，管理當局也是人，管理的每一個成就都是管理人員的成就，每一次失敗都是管理人員的失敗。所以，杜拉克在《管理：任務、責任、實務》序言中指出，這本書不僅以「管理任務」為中心，還以「管理人員」為中心。顯而易見，杜拉克在第一部分論述了管理「任務」，第二部分在第一部分的基礎上論述了管理人員的「責任」，第三部分則是針對前兩部分的特殊性來論述，也就是「高層管理」的任務和責任。

而這所有的內容都是從實務中產生，又都以實務為歸宿。

杜拉克強調，「管理是一種實務，其本質不在於『知』而在於『行』。其驗證不在於邏輯，而在於成果。其唯一的權威就是成就。」可以說，實務是這本書的核心。

三、核心思想：「3 項管理任務」和「5 項基本責任」

我們可以用兩個問題來說明《管理：任務、責任、實務》的核心思想內容：管理的任務是什麼？為了圓滿地完成這些任務，管理人員必須承擔什麼責任？

(一)3 項管理任務

杜拉克認為，管理是機構的「器官」，而機構又是社會的「器官」。你可能會覺得這句話有些抽象，不妨想像一下人體的器官，如果沒有了某個器官，人體就是不完整的，甚至是沒有生命的。在杜拉克看來，對這些「器官」（管理、機構）提出的問題不應該是「它們是什麼」，而應該是「它們應該做些什麼」、「它們的任務是什麼」。

杜拉克指出，管理必須完成 3 項同等重要而又極不相同的任務。

第一項任務：完成機構的特殊目的和使命。

杜拉克指出，任何一個企業都應該深入考慮這樣一個問題：「我們的企業是什麼以及它應該是什麼」。這個問題的答案就是企業的使命和宗旨。杜拉克認為，組織的使命和宗旨是組織各項活動的基本依據，它是組織存在的原因和目的，能夠使組織在激流世界中不迷失方向。

在杜拉克看來，企業的目的只有一個，那就是：創造顧客，而不是利潤。他認為，利潤是對企業的一種報酬，利潤的多少取決於滿足和創造顧客的多少，也就是說「利潤不是原因，而是結果」。

杜拉克指出，企業的目的必須超越企業本身。因為企業是社會的一部分，所以企業的目的也必須從社會中尋找。在企業家採取行動、滿足了顧客的需求之後，顧客才真的存在，市場也才真的誕生。所以，顧客的需求

才是企業目的的本源,是顧客決定了企業是什麼、企業生產什麼以及企業是否會興旺發達。滿足顧客的需求,是企業生存和發展的必要條件。

杜拉克還指出,企業的目的可以透過兩個基本職能來實現:市場推銷和創新。他認為,市場推銷是企業最基本的職能,是整個企業的中心。

舉個例子:

IBM（國際商業機器公司）是電腦領域的一個後來者,既沒有技術上的專長,又缺少科學知識。但是,電腦業早期的技術領先公司,如通用電子公司、奇異公司和美國無線電公司,都是以產品或技術為中心,而當時IBM的業務員卻提出並仔細思考了這樣一些問題:什麼是顧客？顧客覺得有價值的是什麼？顧客是怎樣購買的？顧客需要些什麼？於是,IBM從顧客的需求、實際面和價值觀出發,找出對顧客有意義的解決方案,採用了一系列市場推銷策略,包括定義顧客、拜訪顧客、廣告、扮演顧客、向顧客示範、加值服務等,從而佔有了大部分市場。

杜拉克又指出,企業只是提供任何一種產品或服務是不夠的,它必須提供更好、更多的產品和服務,一個企業不一定要變得更大,但它必須變得更好。怎樣才能變得更好呢？唯有創新。在他看來,最富有活力的創新是創造和以前不同的新產品或服務,而不是對原有產品或服務的改進。

杜拉克認為,要完成管理的第一項任務,企業應解決一系列問題,這些問題包括:我們的企業是什麼？誰是我們的顧客？顧客的價值是什麼？我們的企業將會成為什麼樣子？顧客還有哪些需求尚未滿足？我們的企業應該是什麼？

第二項任務:使工作富有活力並讓員工有成就感。

杜拉克認為,任何機構,包括工商企業,只有一項真正的資源,那就是

「人」。人是機構最大的資產,機構透過富有活力的人來完成它的任務,而人透過完成工作來取得成就感。

那麼,怎麼才能讓員工有成就感呢?那就是要讓工作富於生產性。

什麼樣的工作才具有生產性呢?簡單來說,凡是能直接幫助機構成長的工作都是有生產性的工作。

又該如何讓工作有生產性呢?杜拉克提出了以下4個方面:

- 第一是工作分析,也就是對工作進行研究,了解工作所需的各項特殊操作、流程和要求;
- 第二是在工作分析的基礎上進行整合,也就是把各項操作結合成一個生產程序;
- 第三是在工作過程中進行恰當的控制,包括對工作的方向、品質、數量、標準、效率等方面的控制;
- 第四是為工作提供合適的工具。

總之,生產性的工作讓工作富有活力,能夠讓員工獲得成就感,從而促進機構的發展。

第三項任務:處理機構對社會的影響和責任。

杜拉克指出,作為社會的「器官」,每一個機構都是為社會而存在的。企業必須對它的社會影響和社會成果進行管理。也就是說,企業要承擔它對社會的責任。杜拉克認為管理者應該仔細考慮「我們所做的事是不是社會和顧客要求我們做的」。

那麼,企業又該如何處理它對社會的影響呢?在杜拉克看來,如果某項活動不在企業的宗旨和使命範圍內,那就應該盡可能地取消這項活動,

或者將其影響維持在盡可能低的程度。如果不能取消，就要預先考慮並擬定出解決辦法，用最小的成本使企業和社會獲得最大利益。當然，如果能把企業產生的不良社會影響轉化為對企業有利的機會，那將是最理想的解決方法。

比如，杜邦公司在 1920 年代就意識到它的許多產品會產生毒性，並著手消除這些有毒物質，其實就是在消除有毒物質產生的不良影響，而當時其他的化學公司都認為這種影響是理所當然的。後來杜邦公司決定把控制工業產品有毒物質的業務發展為一家獨立的企業，那就是杜邦工業毒物實驗室，它不僅為杜邦公司服務，而且為各式各樣的顧客開發無毒化合物、檢驗產品毒性等。就這樣，杜邦公司把一種不良的社會影響轉化為企業的有利機會。

杜拉克指出，這 3 項任務常常是在同一時間和同一管理行為中執行的，都是同等重要的，不存在某一項任務地位更優先，或者要求更高。

(二) 5 項基本責任

為了完成管理的這 3 項任務，管理人員又該承擔哪些責任呢？杜拉克認為，管理人員需要承擔 5 項基本責任，分別是制定目標、組織管理、激勵與資訊交流、績效衡量以及培養人才。

第一，每一位管理人員，上至老闆，下至生產主管或職員，都必須釐清各自的目標，否則就會產生混亂。

這些目標應該始終以企業總目標為依據，同時還必須規定自己對實現企業總目標做出的貢獻，並兼顧短期和長期目標。

那麼，管理人員的目標應該如何制定？由誰制定呢？在杜拉克看來，

每一個管理人員的目標就是他上一級應該為企業總目標所做出的貢獻，制定自己的目標是管理人員的首要責任。每一位管理人員都必須仔細考量本單位的目標是什麼，並積極而負責地參與制定目標。只有下一級的管理人員參與制定目標，上一級的管理人員才能知道應該對他們提出什麼要求，並提出恰如其分的要求。

第二，管理人員要進行組織管理工作。

杜拉克指出，管理人員要對工作進行分類，把工作劃分為各項管理活動，再把這些管理活動劃分為各項管理作業，然後把這些活動和作業組成一個組織結構，最後選拔人員來管理這些活動、執行這些作業。

他特別提到，如果組織中的中層管理人數過多，就會破壞員工士氣，影響其成就感和滿足感，最終影響到其工作成績。在他看來，新的中層人員是專業的知識工作者，他們的行動和決定對企業有著直接而重大的影響。

第三，管理人員要進行激勵與資訊交流。

杜拉克指出，管理者能夠把擔任各項職務的人組織成一個團隊，主要是透過日常的工作實務、員工關係、報酬、安置和晉升的人事決定、經常性的資訊交流等。

他特別指出，「自上而下」的資訊交流行不通，只有在成功地進行了「自下而上」的資訊交流以後，才能實行自上而下的資訊交流。

第四，管理人員要進行績效衡量工作，也就是要進行績效評估。

簡單來說，管理者要建立達成績效的衡量標準，因為衡量標準對整個組織的績效和個人績效十分重要。衡量標準不僅要關注組織的績效，還要關注個人的績效。這種標準能讓員工對工作成就進行分析、評價和解釋，同時管理者還要及時回饋績效衡量結果。

第五，管理人員要培養人才，包括他自己。

杜拉克指出，管理者的資源是人，而人這種資源是獨一無二的。用人就意味著要培養人，這一點不僅適用於被管理的人，而且適用於管理者自己。管理者能否按正確的方向來培養下屬，能否幫助他們成長，將直接決定著管理者本人能否得到發展。

管理的奧義

提高管理效率

06

《管理工作的本質》：
潛在邏輯與發展方向

管理領域偉大的離經叛道者
—— 亨利・明茨伯格（Henry Mintzberg）

亨利・明茨伯格（1939～），出生於加拿大多倫多，1961年畢業於加拿大麥基爾大學，後來在加拿大國家鐵路公司工作，1965年到麻省理工學院攻讀管理學，1968年取得博士學位後到麥基爾大學任教。1978年，明茨伯格被任命為麥基爾大學布朗夫管理學教授，又先後在歐洲工商管理學院、卡內基美隆大學、蒙特婁高等商學院等多個大學擔任客座教授或訪問學者，同時他還擔任《策略管理》（Strategic Management Journal）、《管理研究》（Management Research Journal）等多部期刊的編委。

亨利・明茨伯格

明茨伯格是首位當選加拿大皇家社會學協會會員的管理學者，他曾四次在《哈佛商業評論》上發表文章，其中兩次獲得麥肯錫獎。值得一提的是，明茨伯格在擔任策略管理協會主席之後，令人意想不到地提出了「策略管理已經開始衰落」的觀點，這讓他獲得了「管理領域偉大的離經叛道者」的頭銜。

06 《管理工作的本質》：潛在邏輯與發展方向

明茨伯格是管理學大師，是經理角色學派的主要代表人物，管理學界普遍認為他是具有原創性的管理學者。

一、為什麼要寫這本書

管理者是什麼樣的？這個問題聽起來很好回答，因為在我們心中，管理者的形象總是非常具體的。比如一個管理者總是有著開不完的會、看不完的檔案、打不完的電話，同時他還會不斷地安排任務、對下屬提出要求。但是，如果我們這樣提問：管理者的本質是什麼？這似乎又是一個完全不同的問題。因為開會、看檔案、打電話等都是與管理者有關的具體現象，而不是管理者的本質。一個經常開會、看檔案、打電話的人不一定是管理者，可能只是管理者的祕書。那麼，管理者的本質到底是什麼呢？是什麼決定了管理者與其他人的區別？

1973年，亨利·明茨伯格寫下了《管理工作的本質》（The Nature of Managerial Work）一書，深入探討了管理工作的本質，揭示了管理者在工作中發揮作用的方法以及管理者所承擔的角色，提出了促進管理改革、推動有效管理的方式。可以說，《管理工作的本質》一書揭示了管理工作的潛在邏輯，預見了管理的發展方向。

《管理工作的本質》是明茨伯格的第一本著作，在出版的過程中卻遭到了15家出版社的拒絕，因為這本書極大地挑戰了當時管理學界的思潮和傳統觀點。明茨伯格認為，管理者的大多數時間都在應對危機，這一項觀點直到今天才為大多數管理學家所接受。時至今日，《管理工作的本質》已經在管理學界發揮重要作用，任何想要成為管理者的人都要將這本書作為自己學習和工作的基礎指南。

二、管理工作的特點：內在特徵、外部聯繫和工作定位

明茨伯格提出，管理工作主要有六個特點，分別是：工作量大且變動快、工作活動短暫且瑣碎、現實活動優先、直接交流優先、重視下屬和外部的聯繫、權力與責任結合。這六個特點主要關係到管理工作的三個方面，分別是：管理工作的內在特徵、管理工作的外部聯繫和管理工作的定位。

(一) 管理工作的內在特徵

明茨伯格認為，管理工作的工作量非常大、工作變化速度非常快、工作事項非常瑣碎，這些內容共同構成了管理工作的內在特徵。這裡明茨伯格舉了一個例子來說明他的觀點。

假設你是一家公司的老闆，需要對公司的事項做出決定和規劃，需要和其他管理人員商討制定公司的發展策略，需要和下屬及時推進工作計畫，需要時時刻刻處在工作狀態，因為你的所有事業就是公司，你的工作就是管理。這時候，「下班」這個概念在你的生活中幾乎消失了，因為你的全部時間和工作精力都投入到管理之中。員工可以在完成交代好的任務之後下班，但是你不可以，因為你的工作沒有明確的界限。由此不難看出，對管理者而言，工作要占去他們絕大部分的精力。

此外，管理工作的變化速度很快，工作事項還非常瑣碎。明茨伯格在研究美國通用、寶僑等公司執行長的工作安排之後，發現很多管理者幾乎無法完全專注於一件事，他們每天要處理十幾件事，而且這些事涉及很多方面，包括設備失火、公關危機、授予退休人員獎章、參與部門討論會等。由此不難看出，這些工作中大事和瑣事都揉雜在一起，管理者必須隨

時頻繁的切換心態，調整處理方式和思考方式。但是明茨伯格也提到，管理者似乎已經適應了這種工作方式，他們往往能夠及時調整自己的工作模式，換言之，只有適應了這種工作方式的管理者才能在激烈的競爭中倖存下來。

(二) 管理工作的外部聯繫

顧名思義，管理工作的外部聯繫就是指在管理工作的過程中管理者十分重視與他人的交流，這種交流往往涉及下屬和外部關係，而且在這種交流中，管理者更加喜歡口頭的直接交流或者會議交流。

明茨伯格的研究顯示，大企業的執行長平均84%的時間在與下屬聯繫，16%的時間在和上級與外部聯繫。管理者往往處於組織內部和外部的關係網之間，就像一個沙漏中間的細頸一樣。他們透過多種方式將下屬和其他人員連繫在一起，編織成一個複雜的關係網路。明茨伯格發現，管理者在這些聯繫中非常喜歡口頭的直接溝通，包括電話、臨時會議、實地考察等多種方式。明茨伯格進一步發現，中階管理者要用89%的時間來進行面對面的溝通。從某種程度上說，溝通就是管理者的工作，所以管理者往往更加喜歡高效、直接的溝通方式。

(三) 管理工作的定位

管理工作的定位就是管理者可以對管理工作的優先程度做出調整，他們可以安排工作的優先次序，決定自己享有的權力和應該負有的責任。

明茨伯格發現，管理者往往會優先處理即時、具體的活動，那些定期、流程化的活動往往被管理者忽視。管理者喜歡最新、最快的消息，並

且往往在最新消息的基礎上決定管理工作的內容。據此，明茨伯格認為管理者並非循規蹈矩、嚴密地遵循制定好的行為規範和組織規章。

實際上，管理者對外界的刺激更加敏感，他們會針對外界的刺激不斷調整自己的工作習慣和工作方式。而且，管理者對自己工作習慣和工作方式的調整關係到其對權力和責任的把握。管理者透過自己的權力，將需要處理的事情控制在一個合理的限度內。比如，審批可以反映管理者對組織決策的控制權；會議的安排能看出管理者的組織能力；別人主動提供給管理者的資訊則說明管理者擁有建立有效溝通的能力。一個管理者可以決定要不要開始一個新專案、招募一個新員工，這一系列的決定影響著他後來的工作安排，這種關鍵性的決策就是管理者權力的展現。管理者也可以透過放權等手段控制自己必須參與的活動，比如委任副職分管一部分工作、成立委員會分擔一部分權力等，這種控制決定著管理者的責任。明茨伯格認為，管理者需要決定自己的權力和責任的邊界，保障自己能從每一個必須做的行動中把握機遇。

三、管理者的角色：人際關係、資訊傳遞和決策制定

明茨伯格認為，角色就是一個職務或者職位所表現出來的一套有組織的行為。管理是與人有關的互動，在管理活動中每個人都要扮演特定的角色。明茨伯格提出管理者有十大角色，分別是名義領袖、領導者、聯繫者、監控者、傳播者、發言人、創業者、故障排除者、資源調配者和談判者。實際上，這十個角色可以被劃分為三大類，分別是人際關係角色、資訊傳遞角色、決策制定角色。

(一) 人際關係角色

明茨伯格認為，最初的管理者就是正式掌管組織的人，比如一個部落的酋長、一個國家的領袖。這時管理者往往有一些正式的權力，比如部落酋長可以決定獵物的分配，國家領袖可以宣布戰爭等。這種正式的權力和地位賦予管理者三種人際關係角色。

- 第一種也是最簡單的一種，就是「名義領袖」。名義領袖就是管理者可以在各種正式場合代表他的組織，比如英國女王可以代表英國的國家形象。
- 當名義領袖與外部交流、承擔一定的聯繫職能時，第二種角色也就自然而然的產生了，那就是「聯繫者」。管理者可以在對外交往的過程中與其他外部團體互動，並獲取資訊，以維護組織的安全和穩定。現代的外交官往往就是這種角色的展現。
- 當然，隨著管理者逐漸在聯繫中掌握資訊，再加上管理者具有的正式權力，第三種角色「領導者」也就出現了。

管理者在承擔「名義領袖」和「聯繫者」角色的過程中，逐漸確定了他與下屬之間的權力和支配關係，包括對下屬的激勵方式、下屬人員的配置等多個方面。明茨伯格指出，人際關係角色將管理者置於獲取資訊的獨特位置，管理者與外部的聯繫為他帶來了特有的資訊，同時作為「領導者」，他又是組織資訊的焦點。從這個意義上說，管理者是組織中的資訊中樞。

（二）資訊傳遞角色

所謂資訊傳遞角色，就是管理者在組織內部對資訊傳播的影響力。

首先，管理者是組織中的資訊中樞，因此管理者往往承擔著「監控者」的角色。管理者對於組織內的資訊有著廣泛而深刻的控制和了解，他本身也是資訊的接收者和收集者。

其次，管理者可以在掌握資訊的基礎上把特定的訊息傳播到組織的不同部分中，這時管理者的角色是「傳播者」。管理者掌握的資訊往往會比較完整，他可以透過對組織內部的不同人員透露不同的訊息來達成自己的目的，這種資訊的單向壟斷是管理者掌握權力的重要途徑。

最後，管理者不僅要在組織內部傳遞資訊，還要把組織內部的資訊傳播到外部環境中，這時管理者的角色就是「發言人」。管理者可以代表組織對某種事件或情況表達自己的態度，這也是管理者對外界環境的一種應對方式。比如新聞發言人，就是這種角色的現實反映。

明茨伯格認為，從本質上來說，管理者的資訊傳遞角色是基於管理者在資訊方面擁有得天獨厚的優勢，他的特殊地位和權力讓他在組織的重大策略決策系統中處於中心位置。

（三）決策制定角色

明茨伯格認為，管理者在擁有了人際關係角色和資訊傳遞角色以後，就能夠自然地掌握組織決策的權力，影響組織決策的制定。換言之，決策制定者的角色是建立在管理者的人際關係角色和資訊傳遞角色之上的。

首先，管理者往往是組織中的「資源調配者」，他掌握的權力可以影響組織內部資源的用途和使用範圍，他既可以透過定向的資源投入來培育

團隊，也可以透過資源的控制來使某些團隊逐漸萎縮甚至消失。

其次，管理者承擔著「救火隊員」的職能，也是一個「故障排除者」。也就是說，管理者要在組織受到威脅的時候臨危受命，為組織解決問題。比如蘋果公司創始人史蒂夫·賈伯斯在公司面臨困境的時候積極創新，先後推出了蘋果手機和蘋果平板電腦等創新產品，使蘋果公司成為世界一流的科技企業。

再次，危險中往往蘊含著機遇，許多管理者在捍衛組織的時候，往往也承擔了「創業者」的角色。像賈伯斯一樣的管理者銳意創新，發起了公司改革，大刀闊斧地改變公司業務和公司架構，推動公司持續進步。

最後，管理者在組織內部發揮重要作用的同時，在組織外部也要在必要的時候代表組織進行談判，這時管理者就承擔著「談判者」的角色。

四、如何促進有效管理：分享、角色變化和知識賦能

如何基於管理工作的特點和管理者的角色來推動管理的改革？如何促進有效的管理？明茨伯格提出了答案。

(一) 分享

明茨伯格認為，管理者需要分享。這種分享包括權力的分享、資訊的分享、責任的分享等多個方面。管理者可以透過權力的分享以促使更多的員工參與到管理工作中，同時也可以把管理的理念貫穿到普通員工的工作中。比如推行全員持股，本質就是將管理者的獲益與所有員工分享，員工也就會更加積極地提升自己的工作效率，關心管理的改革和創新。

同時明茨伯格認為，人的精力的有限性決定了人必然會忽視某些資

訊，而這些資訊可能對組織內部的某些員工非常重要，要避免出現這種問題的最好辦法就是分享資訊，及時、快速地和下屬交流對某件事情的看法，獲取具有創新意義的回饋。

(二) 角色變化

在提出管理者的十大角色之後，明茨伯格還進一步指出，對於任何一個想要提高管理效率的管理者而言，在不同的情景承擔不同的角色是非常重要的。換言之，管理者要根據環境和任務的不同，隨時調整自己的角色定位。比如當賈伯斯回歸蘋果公司的時候，他完全可以選擇做一個「故障排除者」，只對當前的業務和市場提出意見，但是他敏銳地意識到了環境的變化，及時抓住了機會，選擇了「創業者」的角色，推動蘋果公司業務的全面革新，推出了劃時代的硬體產品。由此我們可以發現管理者角色變化的重要意義。

(三) 知識賦能

明茨伯格透過研究發現，管理者很少有時間思考組織的發展方向、未來目標等宏大的策略議題。但是管理者可以尋求管理學家的幫助和建議，管理學家可以幫助管理者尋找機會、分析方案的成本收益、開發出更好的行動方案；可以為預見到的危機設計備案，針對管理者所面對的高壓情況進行快速分析；可以監控管理者主要的計畫，制定一個明確而又靈活的策略，用知識為組織賦能。

07

《現場改善》：日本企業的獨有智慧

改善管理思想之父 —— 今井正明

今井正明（1930～），出生於日本東京，他從小就接受了良好的教育，最終從日本第一名校東京大學畢業。此後他投身於管理實務，致力於從日本企業的發展中歸納出具有普遍性的管理方法和管理經驗。他先後與世界著名品質管制專家愛德華茲·戴明（William Edwards Deming）、豐田汽車公司會長豐田章一郎共事，還曾作為日本代表出訪歐美國家，交流日本的管理經驗。

今井正明

經過多年的累積和研究，今井正明將日本的經驗與歐美的管理系統結合，研發出「改善管理系統」，旨在幫助全球企業打造高效的營運及生產管理系統。1985年，今井正明成立了全球改善諮詢集團，這是全球最早實現專業服務的諮詢公司。今井正明也因在改善管理方面的成就，被譽為「改善管理思想之父」。

一、為什麼要寫這本書

「冷戰」時期，美國和蘇聯在載人太空飛行方面展開了激烈的競爭，都先後把太空人送上了太空。但是當時的電腦技術尚不成熟，太空人無法在太空中使用電腦，因此需要用紙筆來輔助工作。那麼問題來了：在地球上，地球重力可以讓筆桿中的墨水順利地流到筆尖上，但太空中沒有重力，科學家們是如何解決這一個問題的呢？

美國國家太空總署想了很多辦法，終於在花費了數百萬美元以後，於1965年發明了一種能在太空環境下使用的原子筆。後來美蘇關係緩和，美國和蘇聯的太空人能夠在國際太空站中見面了。美國人急切地詢問蘇聯是如何解決太空筆這一個問題的，蘇聯人聳了聳肩，拿出了一支鉛筆。一般認為這個故事反映的道理是：想得太多不一定是一件好事。但是如果我們去了解一下這個故事的背景，或許能看到它背後更加深刻的道理。

事實上，美國的航太發展是高度專業化的，航太飛機大量依賴自動化的操作，太空人只負責完成相應的任務。所以開發航太飛機的專家和太空人之間很少溝通，航太專家總是按照自己的思路來設計相關的設備。蘇聯的開發模式則不同，常常需要蘇聯的太空人人為干預航太飛機的飛行，所以蘇聯的航太專家和太空人之間經常交流，而這種交流也使得太空人能夠及時向專家反映自己的意見。以上兩種不同的開發模式也許是蘇聯人更早想到使用鉛筆的原因。

在今井正明看來，這兩種管理方式的不同正好展現了他所提倡的「現場改善」的重要性。那麼，什麼是「現場改善」？1996年，今井正明從日本公司成功的管理實務出發，將日本企業成功的經驗歸納為「現場改善」，並在《現場改善》(Gemba Kaizen)一書中系統地介紹了現場改善的基

07 《現場改善》：日本企業的獨有智慧

本邏輯和管理方法，並結合豐田等著名公司的管理案例，最終打造出現代日本管理理論的基石——現場改善，為管理學的發展貢獻了日本企業的獨有智慧。

《現場改善》是今井正明的經典著作之一。在內容上，這本書繼承了今井正明「改善」管理的基本思想，並在此基礎上結合了今井正明的現場管理經驗。同時，這本書更強調行動性，為現實的管理者提供了一個簡單的參考框架，可以用來解決實際問題。

二、什麼是現場改善：
改善的理念、現實的場景和現場的改善

什麼是現場改善？要回答這個問題，就需要把「現場改善」這個概念切分開來進行解釋。

(一) 什麼是現場

在日語中，現場往往指的是發生實際行動的場地。日本人在談話中經常使用「現場」一詞，比如記者在報導新聞的時候，就會說「從現場發回的報導」。如果從管理學意義上來講，企業的行為就發生在「現場」中。

今井正明指出，從廣義上來說，所有的企業都要從事與賺取利潤有關的三項活動，分別是開發、生產和銷售，因此廣義的「現場」指的就是企業從事這三項活動的場所。從狹義上來說，「現場」就是指製造產品或提供服務的地方。事實上，狹義的「現場」往往最容易被管理部門忽略，因為管理人員常常關注財務、行銷、銷售等領域，而忽略了工作場所，殊不知，「現場」才是真正為企業創造價值的地方。總之，現場就是企業生產

產品與提供服務的地方。例如在服務業中，所謂的現場就是指與顧客直接接觸的地方，如大廳、餐廳、客房、櫃臺等。

(二) 什麼是改善

在日語中，改善指的是持續地改進。具體而言，改善有兩個方面的特徵。一方面，改善是持續的、不間斷的、不會停止的過程。只要管理活動存在，改善就不會停止；另一方面，改善是微小的，且往往意味著階梯式的累積，即一小步、一小步逐漸前進。改善的目標並不是大刀闊斧地進行徹底的改革，而是持續的微小變化累積而成的重大成果。

今井正明認為，改善是一種低風險的管理方式，因為在改善的過程中管理者隨時都可以回到原來的工作模式，而且不需要耗費過多的成本。進一步而言，改善就是一種「過程導向的思考模式」，強調關注組織中的計畫、執行、檢查、行動等環節，但也不是不關注結果。要改進結果，就必須先改進過程。如果預期的結果未能達成，那麼產生這一項結果的過程肯定是失敗的。今井正明指出，改善代表了東方管理思想重視過程的一面，這與西方管理思想重視結果的一面形成了鮮明的對比。總之，改善就是全員參與的、持續的微小改進，目的在於推動企業提高績效和持久改革。

(三) 現場和改善是如何結合的

今井正明認為，現場與改善的結合，關鍵在於管理階層對現場的理解和對顧客導向的追求。今井正明指出，很多歐美公司的管理階層往往很少涉足具體的現場事務，甚至害怕到現場中。他們或者把現場委託給老練的現場督導人員，或者讓工會完全控制現場，這將導致管理階層逐漸失去了對現場的控制力和影響力。在今井正明看來，現場才是組織中最重要的部

分。因為這些現場的存在，直接關係到公司的業務好壞和生死存亡。因此，常規組織中的各個階層，包括高級管理階層、中級管理階層和基層工作者，都應該為現場提供必要的支持。

今井正明指出，要將現場與改善結合，首先就要樹立現場至上的管理理念。今井正明認為，除了要重視現場之外，管理者還要追求顧客導向，因為任何現場業務的改進都在於為顧客提供滿意的產品和服務，只有顧客滿意了，組織才能生存發展下去。因此，管理者要設定各種策略或展開各種政策，讓顧客滿意。總之，今井正明認為，想將現場與改善結合，就要重視現場和顧客導向。

三、如何進行現場改善：標準化、消除冗餘、環境維持

對於「如何在企業中推行現場改善」這個問題，今井正明將答案分為三個方面，分別是標準化、消除冗餘、環境維持。

(一) 標準化

標準化指的是組織透過建立和不斷改進標準化流程的方式來提升組織管理的效率。

1. 什麼是標準

今井正明指出，所謂標準，就是指某種已經達成共識且寫在紙面上的程序，企業的日常事務需要按照這種程序來執行。今井正明指出，一個良好的標準至少要具備以下三個特點。

第一，代表性。一個良好的標準應該能夠代表最好、最容易、最安全的工作方法，因為標準應該是集合了員工多年的工作智慧和工作技巧。也

就是說，標準應該是歷經千錘百鍊的、經得起時間考驗的、最具代表性的操作手段和處理方式。比如，汽車產業的生產線就是一種具有代表性的工作標準。

第二，知識累積。一個良好的標準應該是某種最佳工作方法的知識成果，這種成果的分享可以極大幅度地提高員工的工作效率，提升企業的顧客滿意度。比如，鼓勵員工在內部論壇中分享自己工作的經驗和方法，以此來幫助企業內部提升效率。

第三，防止錯誤發生的手段。標準的設立為員工提供了一個參考標準和判斷基礎。透過在組織內部建立處理錯誤的方法，可以防止相同的問題再次發生。此外，標準的存在還可以幫助員工應對各種突發事件和危機。比如各種企業乃至政府部門普遍存在著各式各樣的應急備案，這種備案就是各種處理標準的集合，目的在於指導職員如何行動。整體而言，標準應該是具有代表性的知識累積，目的是防止錯誤再次發生。

2. 什麼是標準化

所謂標準化，就是指維持標準和改進標準，這不僅意味著企業要遵照現行技術上、管理上和工作中的標準，還要改進現行的流程，以達到更高的水準。今井正明在這裡提出了一個「標準化－執行－檢查－行動」的循環工作流程，以實現維持標準和改進標準的目的。

例如，某家旅館的顧客想要在旅館收發傳真，恰巧旅館內就有一臺傳真機，但是並不對外開放。這時候這家旅館的經理會怎麼做呢？他可能會把傳真機借給顧客。的確，只要把傳真機借給顧客，問題就解決了。但答案真的如此簡單嗎？今井正明認為，這個例子不僅反映了顧客的需求，還說明旅館自身缺乏滿足顧客需求的標準化流程。顧客今天需要的是傳真

機,明天就可能需要針線包。旅館不能每次在顧客提出需求的時候才去找可用的產品。

在今井正明看來,這家旅館應該建立一個標準化的流程,將顧客的突發需求進行分類管理,將旅館能夠解決的簡單需求羅列出來,比如提供針線包、購置傳真機等,而面對比較複雜的租車、短途出遊等需求,旅館可以為顧客提供價格參考、路線選擇等服務。這樣一來,旅館就透過建立一套標準化判斷方式和流程,改進並提升了服務的品質和效益,並最大限度地避免了顧客的抱怨和投訴。同樣,這個標準化流程也需要在執行的過程中不斷接受實務的檢驗,在檢驗中發現問題並進行改進。我們也可以將對問題的處理措施細化為標準化流程,從而構成一個循環的工作程序。總之,標準化就是指組織進行各種內部的行動,來維持和改進組織內部的標準。

(二) 消除冗餘

這裡的「冗餘」是從日語翻譯過來的,原文是一個日語詞彙 Muda,指的是無效的、多餘的、不產生任何價值的工作、流程和方法。今井正明指出,這裡的冗餘至少包含著兩層含義,即無穩和無理。

所謂無穩,就是指工作的不規律。無論何時,只要工作人員的工作被中斷,或是機器生產被中斷,就表示出現了無穩。例如,工人們在一條生產線上工作的時候,某個工人的工作出現了失誤,降低了整個生產線的工作效率,拉長了工作時間,這時其他工人就必須做出調整來配合工作最慢的人,這就導致整體的工作節奏被打亂,於是無穩就出現了。

所謂無理,就是指員工工作的流程和機器的執行還沒有達到最高的效

提高管理效率

率。比如，一個剛入職的員工沒有接受充分的訓練就投入到最難的工作中，這種困難不僅會為員工造成心理壓力，還會導致工作失誤和效率下降，此時無理就出現了。

我們應該如何消除冗餘？今井正明指出，透過改革生產流程和關注員工兩種方式消除可能出現的冗餘問題。

第一，改革生產流程。今井正明指出，生產流程包含很多環節，而每一個環節都有一定的改進空間，因而管理者需要細心觀察這些環節並參與其中，只有這樣才能消除生產流程中可能出現的冗餘。比如，在裁縫廠中，員工常常需要先從右側的箱子中拿出幾塊布料，然後交到左手，最後放到左側的縫紉機下進行縫合。管理者完全可以調整一下布料擺放的位置，這樣就能夠顯而易見地提升員工的工作效率。但是管理者需要參與到工作現場才能想出這樣的改進措施，如果只是待在辦公室裡面對一堆報表，是無法想出辦法來的，這也是今井正明強調現場重要性的原因所在。

第二，關注員工。今井正明認為，員工是現場中最重要的人力資源，也是企業裡與工作最直接相關的人員。因此，員工往往能最先感受到工作上的不合理之處，也是最能夠提出符合真實需要的改進方法的人。所以，管理者不應該躲在報表之後或辦公室裡，而是應該走出辦公室，積極地和基層工作人員進行溝通，關注他們的需求和願望，改善員工的工作條件和環境，從而提升企業產品與服務的品質和效益。

整體來看，消除冗餘就是透過改革生產流程和關注員工需求的方式，來消除工作中的不規律、不合理之處。

(三) 環境維持

　　環境維持是從製造業發展出來的一個概念，指的是維持一個安全、穩定的生產環境，後來這一個概念擴散到服務業等領域，通常被用來泛指維持一個能夠高效完成任務目標的工作流程和工作氛圍。今井正明指出，環境維持需要五個步驟，分別是整理、整頓、清掃、清潔、素養。由於這五個詞對應的日文單字都是以S開頭，因此這五個步驟又被稱為「5S」步驟。

　　第一，整理。整理就是指將現場中的生產資料進行歸類整理，劃定必需品的範圍並設定好區域，將不需要的物品全部移出現場。今井正明認為，一般情況下，未來30天以內不需要的東西都可以被移出現場。透過這樣的整理，一方面能夠使原有的工作環境煥然一新，所有的生產必需品都能夠觸手可及，極大地提升生產效率；另一方面，可以讓員工和管理者明白工作現場中充斥了多少無用的工具和廢料，對原來低效的工作流程有一個具體的理解。

　　第二，整頓。整頓就是在整理的基礎上，對工作現場進行進一步的精細化劃分，對生產資料進行分類並作出標記，對產品進行嚴格的控制和劃分。這樣既能夠讓員工快速展開工作，也能夠讓管理者對現場的情況快速做出判斷。比如，缺少了什麼工具、什麼產品的產量需要增加等。

　　第三，清掃。清掃就是將工作環境打掃乾淨。除了乾淨整潔的工作環境，清掃更大的作用在於能夠關注到平時較少關注的死角和盲點。比如，可以透過清掃的方式來關注機器底部的漏油情況，從而對機器的狀態做出判斷。

　　第四，清潔。清潔指的是員工和管理者必須穿戴正式的工作服，保持個人的清潔，從而維持一個健康、乾淨的工作環境。除此之外，清潔更重

要的目的在於讓整理、整頓的工作每天都被妥善執行。可以說，清潔是對前兩項步驟的重複和維持，其關注的是步驟的規律性和週期性。

第五，素養。如果說清潔關注的是制度層面，那麼素養關注的就是員工的心理層面。如果一位員工能夠在不被督促的條件下，每天自覺地完成整理、整頓、清掃等工作，那麼這位員工就是一個有素養的員工。

一個化學公司的經理曾向今井正明講過這樣一個故事：原來企業裡的工作人員總是懶懶散散的，對待工作也是漫不經心，因此他們在工作中總會出現很多低階錯誤。後來管理者對工作現場進行了整頓和清潔，結果最懶散的員工都改變了工作態度，變得認真、勤奮起來。今井正明認為，這個故事恰好說明「5S」步驟的巨大力量。「5S」步驟透過建構一種富有規律和秩序的工作環境，來影響員工的工作狀態和工作心理，繼而引導員工的行為和態度，提升了現場工作的效率。整體來看，環境維持就是透過整理、整頓、清掃、清潔、素養五個步驟，來打造一個充滿活力和富有秩序的生產環境。

《精實革命》：生產管理的新突破

精實思想的奠基人 —— 詹姆斯・P・沃馬克 (James P. Womack)

詹姆斯・P・沃馬克，美國的精實大師、精實企業研究所的創始人、精實思想的奠基人，曾擔任麻省理工學院資深教授，主持了許多有關全球生產實務的比較研究，其中「國際汽車計畫－IMVP International Motor Vehicle Program」研究專案曾獲得超過500萬美元的投資。

詹姆斯・P・沃馬克

應用精實流程導師 —— 丹尼爾・T・瓊斯 (Daniel T. Jones)

丹尼爾・T・瓊斯，英國作家和研究員，新鄉獎（被譽為「製造業的諾貝爾獎」）得主，與沃馬克一起致力於汽車產業的研究，共同提出了「精實生產」概念，讓「精實生產」一詞廣為人知。二人共同的代表作有《改變世界的機器》(The Machine that Changed the World)、《精實革命》(Lean Thinking)、《精實服務》(Lean Solutions)、《汽車業的未來》(The Future of the Automobile) 等。

丹尼爾・T・瓊斯

一、為什麼要寫這本書

20世紀中葉，美國的汽車工業發展處於鼎盛時期，此時美國汽車工業採用的是以美國福特公司為代表的大批次生產方式。這種生產方式的特點是透過大量的專用設備、專業化的大量生產來降低成本、提高生產率。在當時，這是一種先進的管理思想與方法。這樣的生產方式讓美國福特公司一天的產量就超過了日本豐田汽車公司從成立到1950年十幾年間的總產量，而汽車工業是日本經濟倍增計畫的重點發展產業。

所以，日本派出了大量的人員前往美國考察。其中，豐田汽車公司代表團在考察了美國幾個大型汽車廠後，得出的結論是：大量生產方式在縮減成本方面還有提升的空間。此外，豐田汽車公司面臨需求不足、技術落後等嚴重困難，再加上戰後的日本國內資金嚴重不足，難以有大量的資金投入來保證日本國內的汽車生產達到有競爭力的規模。

基於這樣的背景，豐田的大野耐一等人在不斷探索之後，終於找到了一套適合日本國情、全新的多品項、小批次、高效益和低消耗的生產方式。這種生產方式在1973年的石油危機中展現出強大的優越性，並成為1980年代日本在汽車產業競爭中戰勝美國的法寶。

於是，日本的這種生產方式開始受到全世界矚目，這也促使麻省理工學院沃馬克及瓊斯教授發起了「國際汽車計畫－IMVP」研究專案，集結了多個國家的專家，花費了5年時間，耗資超過500萬美元，廣泛深入到全球的汽車製造公司之中，對工廠直至決策管理層進行了深度研究，探索大批次生產和日本豐田汽車公司生產方式的差別，最終將研究成果撰寫成一本影響深遠的經典管理著作，這就是《改變世界的機器》。在這本書中，沃馬克等人對日本豐田汽車公司的生產方式進行了理論化整合，並重新命

名為「精實生產」。「精實生產」一詞隨著《改變世界的機器》一書的出版，快速傳播到世界各地，引起了極大的迴響。

精實生產這種生產方式引起了越來越多讀者的興趣，很多企業想嘗試精實生產方式，卻不知道該怎麼做，並提出了很多問題，但在《改變世界的機器》中找不到想要的答案。因為這本書關注的是產品開發、銷售和生產的流程，而不是普遍的原則。這使沃馬克及瓊斯等人理解到：應該準確地概括統整出「精實思想」，找出實現精實的通用方法，為管理者提供一種可靠的行動指南。此外，已經實行精實生產的企業要有新的「突破」，就必須以一整套新思想來考量企業的作用、職能和職務安排，使產品從概念設想到投入生產、從訂貨到送貨、從原物料到最終產品的價值流程皆能暢通執行。最終，《精實思想》作為《改變世界的機器》的續曲誕生了。

二、分析對象：「精實生產」與「精實思想」

精實思想是從理論的高度和精實生產實務之中整合出有關精實生產方式的全新管理思想。那麼，什麼是精實？什麼是精實生產？什麼是精實思想？

(一) 什麼是精實

「精實」英文是「lean」，意為「健壯的、沒有多餘脂肪的瘦」。從字面上來看，「精實」展現在品質上，追求「盡善盡美」、「精益求精」；同時也展現在成本上，因為只有當成本低於產業平均成本時，企業才能獲得收益、才能產出更多的經濟效益。由此看出「精實」有兩大目的：一要確保

顧客滿意；二要保證盈利，並得以持續發展。精實的概念源自於豐田汽車公司的生產方式，後經沃馬克及瓊斯的整合，最終命名為精實生產。

(二) 什麼是精實生產

精實生產能以越來越少的投入獲取越來越多的產出。整體來看，精實生產有兩大特徵，分別是準時制生產和全員積極參與改善。

1. 準時制 (Just In Time, JIT) 生產

準時制生產又名拉動式生產，是一種全方位的系統管理工程，指的是在所需要的時刻，按照所需要的數量，生產所需要的產品（或零件）的一種生產模式，其目的是消除庫存、優化生產物流、減少浪費，提高企業的生產效益。這種生產方式像一根無形的鏈條，排程並牽動著企業的各項工作依照計畫順利實施，並準時安排各個環節進行生產，既不超量，也不超前。

在準時制生產過程中，透過「看板」工具來經營這種系統，在各個作業之間傳遞訊息。比如後項工序根據「看板」向前項工序取貨。可以說，「看板」工具是準時制生產現場控制技術的核心。

準時制生產的最終目標是獲取最大的利益，為了實現這一項目標，準時制生產方式提倡遵循物流準時原則、管理準時原則、財務準時原則、銷售準時原則以及準時生產原則。

整體而言，準時制生產以準時生產為出發點，在正確的時間，生產正確數量的產品或零件，做到及時生產，其目的是消除浪費，最終實現企業的最大經濟效益。

2. 全員積極參與改善

員工是精實生產改善的創意泉源，員工參與公司的管理、運作，有利於企業最大化地創造價值。所以，高階管理者要努力營造一種積極的氛圍，讓一線員工願意提出問題或改進意見，並自願參與改善活動。比如，在豐田汽車公司，每年員工都會提出的改善提案超過百萬條，並且每天會有幾千項改善方案在實施，而這些方案也為企業創造了龐大的經濟效益。實施全員參與改善的目的是把這種改善活動和理念融入企業文化和企業精神之中，促進企業的健康發展。

推動全員參與改善有多種實施方式：建立精實推進小組、確定過程改善小組、品質功能展開法、防錯法、成立改善工作團隊、「記分卡」、成立準時生產促進辦公室等。整體而言，全員積極參與改善是精實生產方式的重要特徵，它能充分利用企業的人力資源，減少人員浪費，實現企業效益的最大化。

(三) 什麼是精實思想

實際上，精實思想是人、過程和技術的渠成，其中包括精實生產、精實管理、精實設計和精實供應等一系列思想，是一種全新的生產哲學。這種生產哲學為企業提供了以越來越少的投入獲取越來越多產出的辦法，為客戶提供了他真正需要的東西，追求成本與品質的最佳配置，追求產品、效能、價格的最優比。精實思想以「生產接近消費者，即以消費者為中心」為基本邏輯，以「消除浪費，創造價值」為核心目的，是一種強而有力的思考工具。這裡的消除浪費，主要指消除精實生產中的七大浪費，包括等待的浪費、搬運的浪費、不良品的浪費、動作的浪費、加工的浪費、庫存的浪費、製造過多（早）的浪費。

三、核心思想：精實五原則

沃馬克等人把生產理論簡化到了一個新的理論高度，歸納出精實五原則，分別是：定義價值、辨識價值流、流動、拉動和盡善盡美。

第一條原則：定義價值

價值是精實思想的關鍵出發點，它是由生產者創造的。然而由於各種原因，生產者很難確切地定義價值。精實思想的價值觀，強調以客戶為中心來審視企業生產中每一個環節的各種活動，以此來減少低價值的行動、消除無價值的行動，在提高客戶滿意度的同時，降低企業的生產成本，最終實現企業與客戶的「雙贏」。而產品（或服務）的價值是由客戶決定的，生產者真正要做的就是站在客戶的立場上重新思考價值。精確地定義價值是精實思想的第一步，第二步則是確定每件商品（或一系列產品）的全部價值流。

第二條原則：辨識價值流

價值流是指企業在將原物料加工為成品的過程中，對產品賦予價值的全部活動，包括：從概念產生到投入生產的產品開發過程；從物料需求制定到供應商送貨的訊息傳遞過程；從原物料到產品的加工轉換過程。辨識價值流要求從最終客戶的立場來全面考察價值流，發現浪費並消除浪費，從而尋求生產過程的整體最佳化。我們可以用「價值流分析」方法對企業價值流進行分析，區分價值流中的增值活動和非增值活動，並且對非增值活動進行持續改善，以達到消滅浪費的目的。辨識價值流是精實思想的起點。在精確定義了價值、辨識了價值流、消除了明顯的浪費後，接下來就要讓創造價值的各步驟流動起來。

第三條原則：流動

精實思想強調的是不間斷的「流動」，要求整個生產過程中有價值的活動都要流動起來。但受限於傳統部門分工和批次生產等傳統觀念和做法，企業的價值流動經常會被阻斷。生產活動被阻斷就會產生浪費，所以要使全員經由持續改進、準時制生產（JIT）以及單件流等方法來創造價值的連續流動。要實現連續流動，就要確保生產的每一個過程和每一樣產品都是正確的，保證環境、設備是完好的。讓價值流動起來，才能為企業創造最大的價值。「流動」和「拉動」是精實思想實現價值的中堅力量。

第四條原則：拉動

「拉動」就是依照客戶的需求投入和產出，讓使用者在需要的時間得到需要的東西。「拉動」原則以客戶為出發點，實現了需求和生產過程的對應，減少和消除了過早、過量的投入，大大壓縮了生產週期，減少了庫存浪費和過量生產浪費。拉動原則更深遠的意義在於企業具備了一旦使用者有需求，就能立即進行設計、計劃和製造出使用者真正需要的產品的能力，最後直接按使用者的實際需求進行生產。

由於以上四原則（定義價值、辨識價值流、流動和拉動）的相互作用，價值流動的速度越來越快，這樣就必須不斷地用價值流分析方法找出更隱藏的浪費，做進一步的改進。這樣的良性循環才日漸趨於盡善盡美。

第五條原則：盡善盡美

「盡善盡美」包含三層含義：使用者滿意、無差錯生產和企業自身的持續改進。不過，「盡善盡美」永遠只是一個目標，因為盡善盡美意味著完全消除浪費，而這是不可能的，但是持續地追求盡善盡美，將會造就一個充滿活力、不斷進步的企業。

四、核心問題：如何做到精實

除了遵循以上五項原則之外，還有其他方法來實現精實生產。

第一步：確定改革代理人

這個改革代理人需要具有開拓進取的特質，具有啟動精實生產的理念。在剛開始嘗試精實生產方式時，改革代理人並不需要非常詳盡的精實知識，但應具有獲取精實知識的強烈意願。所以，改革代理人需要花費大量的時間，並藉助專業的精實人員的幫助來了解精實概念、學習精實知識。

改革代理人要盡快將精實思想變為他們的第二本能，要真正了解有關流動、拉動以及盡善盡美的各種技術，而要獲得這些技術唯一的途徑就是不斷參與改善活動，堅持下去，直到達到可以把精實技術傳授給別人的程度。然後改革代理人要把握危機，或創造危機，以此來尋找一個改革槓桿。因為組織機構在遇到危機時，會願意在短期內實行必要的步驟來全面採用精實思想，所以改革代理人要把握這個寶貴的機遇，集中全部精力，用精實方法解決問題。在這種情況下，改革代理人需要在兩個星期內繪製出價值流圖，只有這樣，才能達到立竿見影的效果。

第二步：建立一個組織機構，引導價值流

比如，建立一個精實促進機構，這個機構可以和品質保證部門合作，從源頭上消除各種浪費，使價值順利流動起來。

第三步：建立鼓勵精實思想的業務系統

比如，首先使用年度策略公告的方式，來使整個機構內的人員都熟知每年所要完成的精實任務；然後建立一個精實會計系統，按照價值流進行

成本核算、分析和管理；接著，讓每個人都能看到自己所要做的事情和如何改善這些事情；此外，向每一個員工傳授精實思想及技能；最後，把「裝備」調整到適當規模，提供最合適的價值流。

第四步：完成轉型

到這一步時，組織已經重整，且有了適當的業務系統，企業正順利地朝著完全轉型推進。這也是最後一步，這時需要釐清供應商和經銷商是否和企業在同一條戰線上，並按照消費者的需求來創造價值，自動地自下而上推行精實思想。

以上便是實行精實生產的步驟（或方法）。

此外，掌握一些精實生產工具也有助於我們做到精實，比如價值流程圖（Value Stream Mapping, VSM）、標準化作業（Standard Operation Procedure, SOP）、全員生產維護（Total Productive Maintenance, TPM）、精實品質管理（Excellent Quality Management, EQM）等。這些精實工具是實際生產過程中會用到的工具方法，有助於消除浪費，追求精益求精、盡善盡美。

09

《美國官僚體制》: 官僚背後的邏輯

美國公共行政領域的權威
—— 詹姆斯・Q・威爾遜（James Q. Wilson）

詹姆斯・Q・威爾遜（1931～2012）出生於美國，1952年畢業於雷德蘭茲大學，後在芝加哥大學繼續深造，1959年獲得博士學位。從1961年開始，威爾遜的大部分時間都在大學任教，他先後在加州大學洛杉磯分校、哈佛大學等著名大學任職。2003年他被美國總統授予「總統自由勳章」。

威爾遜是美國傑出的政治學家和公共行政領域的權威，他曾是總統情報顧問委員會成員，也是美國政治學協會的前主席。他研究的領域十分廣泛，從犯罪行為到社區治理，從美國體制到公民參與，他都有令人印象深刻的想法和觀點。在預防犯罪領域，他首先提出了「破窗理論」。在公共行政領域，他提出了公共輿論會影響公共政策的觀點。可以說，要研究美國的公共行政，威爾遜是我們無法忽略的一位學者。

詹姆斯・Q・威爾遜

一、為什麼要寫這本書

在當前的生活中，排隊是一件再平常不過的事情。搭捷運要排隊，在餐廳吃飯要排隊，去銀行辦事也要排隊取號。但是在不同地方的排隊體驗可能會千差萬別。說到這裡，問題來了，為什麼同樣是排隊，在不同地點的體驗會如此不同？是什麼導致這種差異的出現？在理解這些差異的基礎上應該如何進一步提升公共服務的品質？

1989 年詹姆斯・Q・威爾遜寫下了這本《美國官僚體制》(*Bureaucracy: What Government Agencies Do and Why They Do It*)，威爾遜從自身在美國官僚體制內部的任職經歷出發，為我們勾勒了一個真實的官僚制場景，並且從真實經驗中歸納出具有普遍意義的結論和方法。

這本書的重點在於威爾遜直接以自己幾十年從政、學術研究和教學生涯中累積的大量案例、資料和研究成果為基礎，採取以點帶面的方法，詳細深入地描寫了美國政府機構的執行狀況，並且整合出一系列具有普遍意義的結論與觀點。這本書的獨特之處在於為公共機構的低效、無能提供了新的解釋，威爾遜認為是組織機制、組織文化、工作流程的共同作用導致公共機構的執行出現了問題，而不只是因為公共機構工作人員的素養低下。

二、美國官僚體制現狀：四種組織、四種角色

美國官僚體制的現狀是什麼？在回答這個問題之前，威爾遜首先為我們釐清了一個概念：組織是什麼？

毫無疑問，官僚體制是一種組織。威爾遜認為，人們把組織結構圖、組織中的職位當作組織的觀點是錯誤的。這種觀點只關注到了組織的外在

表現，而忽視了組織的內在本質。組織之所以是組織，是因為組織產生了合作行動，而不在於其產生的權力結構。威爾遜認為，組織應該是由兩人或兩人以上的力量組成的有意識的合作行動。組織關心的是中心任務而不是權力分配，中心任務的解決關係到組織的生死存亡。比如在商業競爭中，公司這一個組織的中心任務就是持續盈利。同時組織要致力於在組織內部和外部獲取對中心任務的廣泛支持。

(一) 四種組織

威爾遜認為，美國官僚體制中的組織可以被分為四種類型。

1. 生產型組織

所謂生產型組織，就是這一個組織中的投入和產出都能夠被清晰地觀察到，同時管理人員有一個符合組織目標的活動系統來指導自己的行動，最終能夠產生比較良好的成果。以美國郵政總局為例，它的投入就是投入的資金和人力，它的產出就是快遞送達的速度和準確率等指標。威爾遜認為，這些能夠被觀察到的投入和成果指標簡化了管理問題，降低了管理難度，能讓組織快速提升效率、減少投入。

美國郵政總局的管理人員追求的目標就是更少的資金和人力投入，更多、更快、更準時的郵政服務。但問題也來了，生產型結構往往將大部分的注意力集中在容易計算的成果上，忽略了那些不容易計算的成果。美國郵政總局非常重視快遞的準時到達率，他們強調某件快遞要在幾十個小時內到達某個城市。下屬機構為了不超過快捷件到達某一城市的時限，只能盡快將大量的快遞派送到當地的站點。但是當地的站點往往沒有那麼高的派送能力，於是出現了一個很奇怪的結果：從總局來看，快遞都能準時、

快速地的到達某一城市，效率很高。從顧客來看，快遞總是積壓在當地的站點，顧客滿意度下降。

2. 流程型組織

流程型組織就是組織內部的投入很明確，但是成果不是非常明顯，其管理人員很少有一個明確的工作指導。

威爾遜指出，流程型組織的管理往往以手段為中心，充滿著標準作業流程，並且流程型組織產生的結果是不明確或無法測量、無法預測的。換言之，在流程型組織中，工作人員如何做工作比做這些工作有沒有產生預期效果更加重要。威爾遜認為，這種標準化流程往往會阻礙流程型組織的發展，使組織逐漸僵化落後。

3. 工藝型組織

工藝型組織比較特別，他們的投入和活動很難被觀察到，但是他們的成果比較容易被計算。比如在戰爭中，每支軍隊都處於相對隔絕的陌生戰場之中，在喧鬧、混亂中作戰。指揮官往往只知道軍隊的大致位置和物資情況，他們只能對軍隊下相對宏觀的命令，無法對具體的行動做出干預。比如指揮官會命令部隊攻占某個高地，但是不會對攻占高地的戰術做出具體安排。

威爾遜認為，工藝型組織的明顯特點就是工作成果相當程度上依賴工作人員的工作作風和工作的責任感與使命感。假如一支軍隊軍心渙散、無心作戰，他們完全可以選擇性地執行指揮官的命令。他們可以說半路遇到了大量敵軍的伏擊，只能撤退。由於可能出現這種情況，威爾遜指出，工藝型組織的領導者不僅要教會工作人員正確的技術，還要設法引導成員在組織的使命和責任上達成共識。

4. 應付型組織

在這種組織中，工作人員的付出和成果都無法被觀察到。領導者很難對工作人員的行為進行干預。比如在學校，校長既不能監督教師上課的效果，也不能判斷學生到底學了多少。雖然校長可以去聽課，但是聽課可能會讓教師的行為暫時發生改變，公開授課的課堂氛圍和平時上課的課堂氛圍總是不一樣的，有時候公開授課還要經過反覆排練，所以實際上校長並不能完全掌握教師教學的效果。同樣，考試可以測出學生知識的掌握程度，但是考試分不清學生的知識是透過老師教授學習到的，還是透過自學學習到的。

威爾遜認為，在應付型組織中，由於領導者缺乏相應的控制手段，他們只能透過應徵最佳人員，創造優質氣氛來促進組織發展。組織的管理者往往傾向於給下屬許多行動的自由，支持下屬做出創新的成果。

(二) 四種角色

介紹完美國官僚體制的四種組織類型之後，威爾遜進一步論述了美國官僚體制中的四種角色。角色意味著官僚體制中工作人員的行為模式，其往往在不同的組織環境中發揮獨特的作用。威爾遜把美國官僚體制的角色分為四種。

1. 辯護者

所謂辯護者，就是領導者在組織中充當本部門利益的代言人，他們不斷地向上爭取預算，維護本部門利益，與其他部門展開競爭。比如美國國防部部長卡斯帕‧溫伯格（Caspar Weinberger）在任的時候，他就設法說服總統大量而全面的擴張國防開支，研製昂貴的新型武器，提高軍隊的自主

性，獨立進行採購。有意思的是，在溫伯格擔任國防部部長之前，他曾經擔任美國行政管理預算局的局長，他在國防部增加的預算正是他之前所反對增加的財政開支。這也許能夠說明領導者在官僚系統中的位置變化會導致他們承擔的角色發生改變。

2. 決策者

所謂決策者，就是在研究問題、收集情況之後果斷做出決策並付諸實際行動的人。他們的目標是理性的分析、合理地做出判斷。同樣是美國國防部部長，勞勃・麥納馬拉（Robert McNamara）和溫伯格截然不同。麥納馬拉上任以後，開始大刀闊斧地削減預算，他認為國防開支應該與實際的作戰需要相匹配。他在任期間，轟炸機和飛彈的預算比例下降了10%，空軍和海軍的戰鬥機合併使用，五角大廈的供給系統被重建以削減開支。威爾遜指出，成功的決策者能夠將組織的發展前景和工作人員的激勵結合起來，從而讓組織為實現決策者的目標而有效執行。

3. 預算削減者

顧名思義，預算削減者就是削減機構開支或減少機構活動的領導者，他們可能會缺少組織內部的支持，但是他們能夠得到上級授權給他們相對更加靈活的處置權力和互動空間，因為上級總是希望削減下級組織的開支和縮減規模。

在經歷溫伯格、麥納馬拉之後，美國國防部迎來了梅爾文・萊爾德（Melvin Laird）部長。他面臨的任務更加艱鉅，他必須大規模削減因戰爭而極速膨脹的國防開支。雖然美國國防部內部並不歡迎這種行為，但是萊爾德部長還是積極運用總統授予他的處置權力，圓滿完成了這一項任務。萊爾德花費大量的時間與工作人員進行交談，與將軍們建立了良好的私人

關係，並且進一步放寬了預算限度內的自主權力，雖然他壓縮了預算，但是國防部的工作人員可以更加自由地支配開支。結果就是，當萊爾德在國會就削減國防部預算出席聽證會的時候，竟然有很多將軍私下到國會為他的計畫辯護。

4. 談判者

承擔談判者角色的領導者就像私人企業的總經理一樣，他們經常與各種外部和內部支持者談判，以應對一些關鍵問題，從而減少壓力和不確定因素，提高組織的效率。

比如，職業安全衛生署是美國勞工部的一個下屬單位，負責擬定工商界和勞工界兩方都能接受的法案。勞工界通常認為職業安全衛生署太過保守，總是將勞工的合法權益「拱手讓出」，降低了勞工的工作待遇。工商界則認為職業安全衛生署太過激進，總是提出一些無法接受的額外條件，導致商業成本激增。不難看出，職業安全衛生署是一個夾縫中求生存的部門。約翰·T·鄧祿普（John Thomas Dunlop）是傑拉德·福特（Gerald Ford）總統任命的職業安全衛生署的領導人，他試圖既滿足勞工界的要求，又滿足工商界的要求。他經由大量的會議來重新解釋複雜的法規，同時批准不同背景的人進入職業安全衛生署任職，以減少阻力。最終，在他數十年的努力之後，職業安全衛生署的法案在國會獲得了通過。

三、美國官僚制的困境：任務目標關係和組織文化

威爾遜認為，美國官僚制的困境具有普遍性，官僚制中的任務目標關係和組織文化是官僚制執行陷入困境的主要原因。

(一)官僚制中的任務目標關係

所謂任務,就是組織需要完成的主要任務,任務關係著組織的生死存亡。所謂目標,則是組織想要達到的境地和狀況,往往需要組織付出額外的努力。任務與目標之間的關係非常清楚,我們可以很明確地區分二者,比如企業的任務就是營利,企業的目標就是更低的成本、更多的營利。一旦這種要求進入公共部門,就會產生諸多的問題。威爾遜認為,公共部門的目標往往非常模糊,這就導致他們的任務也十分模糊,最終使組織偏離最初目標,或是陷入困境。

比如,在美國法律中,美國國務院的職責是「促進美國的長期安全和富強」。這就是一個非常模糊的表述,什麼叫做「安全和富強」?什麼又叫做作「長期的」?多久算「長期」?國務院的官員要不要為他任期以後的事情做規劃?這種模糊的表述導致美國國務院並沒有一個確定的核心任務,也就導致國務院與諸多部門之間產生衝突與職責交叉。比如最初美國國務院主管國內的事務,包括發布、保管國內的法律法令,為國內行政部門的人事任命做公證,保管國會的各類書籍和檔案等,後來隨著部門之間的職責衝突加劇,國務院的工作重心才轉向外交方面。威爾遜指出,正是公共部門的目標模糊導致無法產生核心任務的共識,組織內部充滿了不同意見的交鋒,最終降低了公共部門做出決策的效率,降低了公共服務的品質。

(二)官僚制中的組織文化

組織文化就是一個組織特有的對待其任務和人際關係的思考方式。就像人類的文化,這種組織文化也是在一代又一代的傳播中緩慢變化的。威爾遜認為,在美國官僚體制中,組織文化發揮著極為重要的作用。初期的

組織文化可以凝聚組織內部的不同力量，為組織建立共同的使命感，促進組織的團結與發展。但組織文化發展到今天，已經成為官僚制阻礙創新的主要原因，具體表現在兩個方面。

1. 組織文化導致選擇性執行任務

威爾遜認為，一個組織內部的固有文化會對組織的行動產生強大的指導作用，這可能導致組織有選擇地執行上級交代的任務。比如在美國中央情報局建立之初，其目標是對其他國家的策略意圖和策略能力進行分析評估，發揮類似政策研究室的作用。但是美國中央情報局的員工都是從各種特務機構抽調而來的，結果組織內部就形成了一種重視祕密活動和祕密收集情報的文化與氛圍，這種文化導致美國中央情報局的策略分析功能逐漸減弱，最終為體制外的蘭德公司等策略研究智庫所替代。

2. 組織文化導致組織拒絕接受新任務

與中央情報局的選擇性執行相比，美國聯邦調查局則是拒絕接受新任務的典型例子。美國聯邦調查局的組織文化是光明正大、整齊雅觀，不受任何黨派的影響來進行調查。他們不喜歡那種需要潛伏臥底、參與不正常交易的祕密調查，比如臥底潛伏、滲透犯罪集團等。

四、如何改革官僚制：自主權與合約承包

威爾遜針對如何改革官僚制提出了自己的觀點，包括合理運用自主權、利用合約承包兩方面的內容。

(一) 合理運用自主權

威爾遜認為，自主權是官僚運用權力的範圍和限度，從級別來看，可以劃分為基層的自主權與領導層的自主權。

1. 合理運用基層的自主權

我們常常能聽到這樣一句話：「在職場上要拋棄在學校中學習到的一切東西。」這句話雖然有些偏激，卻深刻反映出基層工作與課本知識之間的差距。反過來說，由於有限的課本知識或是規章制度無法全面涵蓋瞬息萬變的基層工作情況，在規章制度下充分授予基層工作人員自主權就是一個必然的選擇。如果不能充分授權，就會導致基層工作人員循規蹈矩、僵化呆板。

2. 合理運用領導者的自主權

在公共部門所依據的法律法規中，經常存在很多模糊不清的邊緣地帶。在這些模糊不清的邊緣地帶，公共部門的領導者具有一定的自主權，他們可以依據自己的意願行事。威爾遜認為，面對這種情況，要合理劃分領導者的自主權，不能夠為領導者留下太大的自主空間，避免公共機構產生腐敗。

(二) 利用合約承包

威爾遜認為，政府可以透過合約承包來分擔公共服務，從而提高公共服務的品質，減少提供公共服務的成本。比如在丹麥，幾乎一半的消防服務都是由私人公司提供的。因為根據學者估算，政府消防隊的成本比私人消防隊的成本高了三倍，丹麥政府轉而大力推廣私人公司的服務。在提高

提高管理效率

公共服務的效率之外,合約承包還能夠確立責任。

政府是一個龐大複雜的部門集合體,一項公共服務的提供往往涉及多個不同部門,不同部門之間的責任劃分往往會導致互踢皮球,最終傷害的是接受公共服務的公民。但是合約承包可以確立公共服務的單一提供商,同時政府也從公共服務的提供者轉變為公共服務品質的監督者,這種責任的劃分可以更妥善地解決互踢皮球的問題,減少部門之間的相互衝突。

10
《管理行為》：揭開真實面紗

決策過程理論的奠基人 ——
司馬賀（Herbert A. Simon）

司馬賀（1916－2001）出生於美國威斯康辛州的一個猶太家庭，1936年從芝加哥大學畢業，畢業後先後在加州大學、卡內基美隆大學執教，主要進行組織行為和管理科學的研究。司馬賀在電腦科學、經濟學、哲學方面均有涉獵，1995年在國際人工智慧會議上被授予終身成就獎，同年當選為中國科學院外籍院士。

司馬賀是20世紀罕見的全才型科學家，被後世譽為「心智計算的先驅」、「人工智慧之父」。在管理學領域，他提出了「有限理性」和

司馬賀

「滿意度」假說，深刻影響了組織管理、公共行政等學科的發展，還被認為是決策過程理論的奠基人，在經濟學領域，他在1978年獲得諾貝爾經濟學獎，在計算機科學領域，他於1975年獲得圖靈獎，這是電腦科學領域的最高獎項。

一、為什麼要寫這本書

《管理行為》(*Administrative Behavior*) 是司馬賀重要的著作之一。在這本書中，司馬賀主要提出了「有限理性」和「滿意度」假說，同時還提出了決策過程理論。司馬賀寫作這本書是為了精確地描述管理組織的面貌和運轉狀況，因為只有在此基礎上才能完善或重建組織管理理論。

在生活中，「想要做什麼」和「應該做什麼」是有很大差別的，這就是人的現實和理性生活的衝突。無獨有偶，司馬賀也在管理學的研究中發現了這個問題，他認為傳統管理學研究中所說的完全理性的管理者根本不存在，現實生活中的管理從來都不會遵循完全理性的規則去運作。那麼現實生活中的管理是如何運作的呢？真實的管理者又會遵循什麼樣的行為邏輯呢？

1947年，司馬賀寫下了這本《管理行為》，從組織管理出發，強調了決策在管理過程中的重要性，還對管理者在決策中的理性展開了探索，為我們描述了一個真實的管理過程。可以說，這本書為我們揭開了真實管理的面紗，幫助我們進一步洞悉管理決策過程中各種行為背後的邏輯。

二、組織管理理論：決策、價值因素和事實因素

組織管理的真正基礎是什麼？司馬賀在回答這個問題之前，首先對傳統的管理學理論展開了批判。

司馬賀認為，傳統的管理學存在一個重大的缺陷，即存在著對立的管理原則。比如管理學家會告訴我們：一個良好的組織應該既集中統一又充滿活力。但是我們都知道，這兩點在實際管理中很難得到平衡，二者之間

10 《管理行為》：揭開真實面紗

總是充滿了矛盾和衝突。傳統觀點並沒有說清楚到底哪一個管理原則更適用於實際的管理。據此司馬賀認為，傳統的管理學理論只是描述和評價組織的管理狀況，而沒有真正理解管理行為背後的原因，自然也就不可能提出用於指導管理行為的有效原則。

司馬賀舉了一個例子來說明他的觀點。他說，我們能夠在一些執行良好的組織中看到優秀的領導者經常發揮著重要的作用，於是我們總結出一條經驗：優秀的領導者在組織中非常重要。但是反過來說，一個組織有了一個優秀的領導者就萬事大吉了嗎？當然不是，一個組織的成功還離不開團隊的配合、成員的協調等多種因素，司馬賀認為這種簡單的推斷無法幫助我們真正理解管理的本質。誠然，司馬賀也承認「集中統一」、「優秀的領導者」這些內容都是組織在管理過程中應該關注的指標，但是這些指標並不能成為分析管理內容的準則。司馬賀認為，在組織的管理過程中我們應該以整體的效率為依據，並在管理過程中注意衡量不同的利益和要求。

我們應該如何衡量整體的效率呢？司馬賀認為有如下兩點。

第一，我們要確立組織管理的核心。

司馬賀認為，組織管理的核心是決策。所謂決策，就是行動者從所有的備選行動方案中，有意或無意地選擇特定的行動方案的過程。在這個過程中，如果一個人選定了某種特定的行動方案，就勢必放棄其他的行動方案。司馬賀之所以認為決策是組織管理的核心，是因為在組織執行的過程中，對於組織中的任何一個人來說，任何時候都存在著大量可能的備選行動方案，每個人都會採取其中的某一種行動方案，不同人的選擇最終構成了組織的整體行動。實際上，組織管理就是透過不斷影響組織中的每個人，並促使他們做出符合組織希望的決策的過程。

接著，司馬賀指出決策還具有相對性和層級性。

所謂相對性，就是指一切決策方案都帶有某種程度上的折中，我們最終選擇的方案或許不是最完美的行動方案，但一定是在當時的情況下可以選擇的最佳行動方案。實際的決策環境必然會限制行動方案的數量和內容，同時也會影響決策目標的實現程度。司馬賀還指出，由於多個決策目標的相對性的相互影響，我們不可能實現每一個目標，所以我們只能尋找一個共同的衡量標準。

所謂層級性，就是指一個組織內部的決策是具有層級系統的，較高層級的目標的實現離不開低層級的工作，每一個組織中的決策都會受到組織的總目標的影響。但是這種層級性也並不是完全等級分明的，只要具體的決策行為有助於總目標的達成，這種決策行為就是有價值的。

第二，我們要確立組織管理過程中價值判斷和事實判斷的區別。

所謂價值判斷，就是導向最終目標選擇的決策；所謂事實判斷，就是包含最終目標實現的決策。實際上應如何理解這兩個詞彙的含義呢？比如「我要好好學習」就是一個典型的價值判斷，因為它並不包含具體的行動方案，而是一種導向性的決策行為。而為了達到「好好學習」的目標而制定的一系列計畫或決策就是典型的事實判斷，它們被包括在最終目標之中。

司馬賀認為，組織中的任何決策都包含著價值判斷和事實判斷兩種因素。雖然組織中的大部分決策看起來是事實判斷，但是任何決策中都包含著價值的因素。比如公司今天決定開發一種新的產品，雖然這只是公司決定怎麼生產新的產品，但是實際上這種產品的開發往往包含著公司的價值觀和理念。

同時，司馬賀認為價值判斷和事實判斷之間也存在複雜的關係。一般來說，價值判斷可以用來評價事實判斷正確與否。同時，隨著組織層級和目標分解的增加，越是高層，越是偏向於做出價值判斷；越是底層，越是偏向於事實判斷。這種價值判斷和事實判斷之間的此消彼長往往會帶來很多問題，導致組織出現目標偏差的現象。

比如，公司總部決定，要勤儉節約，減少辦公用品的浪費。下級公司就會發出公告，必須勤儉節約，公司辦公用品數量減半。等到通知再往下發到基層公司，基層公司就會公告，嚴格勤儉節約，公司不再提供辦公用品。這種政策執行在不同層級組織間的逐漸走樣，就反映出價值判斷和事實判斷之間的複雜關係。

司馬賀認為，決策這一項管理活動包括「有限理性」和「滿意解」兩方面的內容。

(一) 有限理性的內容

所謂有限理性，就是指人們在決策過程中總會受到各種外在因素的影響，導致決策時無法達到完全理性，人們的理性總是有限度的。司馬賀認為，決策是從多個備選方案中選出其中一個的過程，在這個過程中，不應該因為對人類理性層面的特別關注，就斷言人類一般都是理性的。換句話說，他認為由於我們一直在追求完全理性的決策，導致我們經常忽視了非理性因素的存在。

司馬賀認為，所謂理性就是根據評價行為結果的某些價值系統來選擇偏好的行動方案。比如某人想要獲得一份好工作，好工作的要求是高學歷，那麼他就會在考試的時候更加努力，希望能夠取得更高的分數，從而

獲得上好大學的資格，這時他的行為就是理性的。但是司馬賀認為這種簡單的理性推斷根本站不住腳。比如雖然這個人非常努力地準備考試，但是考試內容非常簡單，即使不用功的人也能夠拿到很高的分數，這個人的努力完全無法獲得應有的回報，這時他努力用功的行為還是理性的嗎？這時他的理性選擇應該是花一部分時間去實習，獲得更多的工作經驗。

司馬賀還指出，理性所遵循的價值觀是不同的，不存在完全統一的價值觀。比如某人認為努力用功是理性的，別人認為經常去實習才有助於成功，這時他們誰才是理性的呢？恐怕很難有一個統一的答案。司馬賀認為，解決這種問題的唯一手段就是將理性與適當的限定詞搭配使用。如果某項決策能在實際情況下實現價值的最大化，就可以稱之為客觀理性決策。但如果只是取得了決策者滿意的效果，就可以稱之為主觀理性決策。如果決策關注的是個人目標，就是個人理性；如果決策關注的是群體目標，就是群體理性。總而言之，理性不是完全的，而是有限的。

（二）滿意解的內容

所謂滿意解，就是人們在面對問題尋求解決方案的時候，往往不是尋求最佳的解決方案，而是尋求能使自己滿意的解決方案。司馬賀認為這是由於有限理性的存在，人們無法尋找出所有的備選行動方案並作出選擇，因而只能在現實條件的影響下力所能及地尋找自己滿意的備選方案並作出選擇。這種尋求滿意解的決策難以實現的背後主要有三個原因。

第一，決策預期的難題。

司馬賀認為決策的結果是無法預期的，雖然我們會盡可能地描述決策後出現的結果，來幫助我們做出選擇，但實際上這種預期永遠無法與真實

的體驗相比。就像我們經常參加模擬考試，但到實際考試，我們還是不免會緊張。同時司馬賀指出，我們的偏好也會發生轉移，這種轉移可能導致我們對於最初的目標失去興趣，從而影響評價的準確性和一致性。

第二，行為的可行性範圍。

司馬賀認為我們之所以只能想出有限的幾個可能方案作為備選，是因為我們自身的行為是具有可行性限制的。比如現在有一堆一百多公斤的重物需要搬運，瘦小的人會想著從哪裡找到工具來輔助，壯碩的人可能直接就自己開始搬了。這種自身能力的限制導致我們其實沒有意識到，自己也是提出備選方案的潛在影響因素。同時，不同方案的獨特結果也會對我們產生影響。比如雖然自己搬動重物的行為簡便易行，但是可能會造成受傷的風險，因此雖然有些人自己搬得動，但是還會選擇使用工具。

第三，個人行為的訓練性和外在刺激。

訓練性就是我們可以對自己的行為進行調整，以達到我們期望的目的。比如我們可以透過模仿來學習他人的技能。同樣司馬賀認為這種訓練性可以用在決策之中，我們總會尋找一些過去的案例來幫助我們進行判斷和推測，所以這種學習的過程實際上幫助我們剔除了一些過時和無效的方案，我們無須再探究出所有的解決方案，只要按照前人的路徑前進即可。

外在刺激也會影響人們提出備選方案的過程。人們可能在關注到自己能夠理解的情景要素的時候，就會做出具體的行動。比如在聚會中看到自己熟悉的面孔，我們就會直接向他走去，這時我們並沒有關注到其他人。這種外部刺激會將人的注意力引向一些特定的要素之中，同樣人也可以透過自我規勸來設定自己的注意力方向，進而影響自己的行動。

11

《競爭大未來》
：核心競爭法則

西方世界在策略領域最具影響力的思想家
—— 加里・哈默爾（Gary Hamel）

加里・哈默爾（1954～）出生於美國的密西根州，從小就接受了良好的家庭教育，後獲得密西根大學的博士學位，主修國際商業。

此後，哈默爾在倫敦商學院任教，主要教授企業管理碩士（MBA）課程。在學校教書的同時，哈默爾意識到，管理學尤其是商業管理，不能局限於理論教學，更應該關注真實的企業競爭和管理實務。因此，和很多的管理學大師一樣，哈默爾毅然離開了學術界，投身到商業領域。

加里・哈默爾

哈默爾在學術方面也取得了不容小覷的成就，他與美國學者普哈拉（C. K. Prahalad）聯手在《哈佛商業評論》上發表過多篇論文，並多次獲得了麥肯錫獎，他也因此被《經濟學人》（The Economist）雜誌譽為「世界一流的策略大師」，被《財星》（Fortune）雜誌評為「當今商界策略管理的領路人」，另一位管理學大師彼得・聖吉（Peter Senge）評價他是「西方世界在策略領域最具影響力的思想家」。

一、為什麼要寫這本書

1994年,加里・哈默爾敏銳地意識到企業的競爭不應該著眼於當下,而應該著眼於未來。於是他帶著自己的觀點訪談了很多公司的執行長,並在此基礎上,把自己的學術研究和調查成果加以整合歸納,最終寫出了這本《競爭大未來》(Competing for the Future)。在這本書中,他詳細論述了為什麼企業應該關注未來的競爭、企業應該如何運用策略贏得競爭等問題,為未來的商業發展和企業研究提供了歷久彌新的觀點和理論支持。

這本書一經問世,就被眾多商業刊物譽為「近十年來最具影響力的商業類書籍」。在這本書中,哈默爾對於企業把精力放在從對手那裡贏取市場占有率的做法進行了批判,他從各種角度論述了「企業為何應該關注未來的競爭而不是當下的得失」,認為企業應該把關注點放在自己的核心競爭力上,而不是放在對手的策略上。同時,哈默爾在這本書中首次提出了「核心競爭力」這一個概念。

二、企業競爭的新背景——未來

企業競爭的新背景是什麼?哈默爾認為,對這個問題的回答可以分為兩個方面:一方面是過去的消失,即由於技術的進步和商業環境的變化,企業過去的經驗開始變得不再重要了;另一方面是未來的特點,即未來的競爭在智力、發展途徑、市場占有率等方面產生了顯著的變化。

(一) 過去的消失

曾幾何時,通用、標準石油、克萊斯勒這些耳熟能詳的美國商業公司陪伴了一代又一代的美國人,但是不知道從什麼時候開始,這些公司開始

變得越來越專注於年輕化。他們不再同時為幾代人服務,而只關注某一代人的需求,最明顯的變化是,父母們對子女使用的產品、軟體幾乎一無所知。哈默爾認為,這種趨勢其實就是代表著商業競爭中的「過去」開始消失,即公司的經驗和管理模式已經不再適應時代和現實的需求,因為它們已經開始變得落後和陳舊了。

1994 年,哈默爾在美國的執行長群體中做了一次調查,其中近 80%的人認為,直到 2000 年,產品品質仍是最重要的競爭優勢。然而,日本的執行長群體中只有 42%的人認為品質是一種重要的競爭優勢,82%的人認為創造全新產品的能力才是最重要的競爭優勢。今天我們能夠看出,日本執行長的選擇是正確的。哈默爾認為,美國的管理人員用過去的經驗來指導未來的行為,這是美國企業在競爭中落敗的主要原因。

哈默爾指出,隨著技術的日新月異和消費者偏好的快速變化,企業不應該再指望過去的經驗能夠為未來的發展提供借鑑,而應該當作過去的經營模式、消費者偏好都消失了,需要完全基於未來的特點制定企業的發展策略。

(二) 未來的特點

哈默爾認為,企業需要完全基於未來的特點制定發展策略。那麼未來又是什麼樣的呢?未來具有什麼樣的特點呢?哈默爾認為,未來應該是在競爭中更加強調智力優勢,企業的發展路徑更加多元,企業經營的市場占有率更加精細。

1. 智力優勢

所謂智力優勢,就是指運用豐富的研究手段和各種智力資源,對未來

的發展趨勢做出預測和判斷,力求獲得比競爭對手更加深刻的理解。智力優勢的目的在於預知未來的商機和模式,並運用這種判斷開發出領先的產品和服務,以求得完全的競爭優勢。比如蘋果公司就預見到智慧型手機的前景,最終成為智慧型手機時代的商業大型公司。

2. 多元路徑

這裡的多元路徑,指的是企業獲得商業成功的路徑會變得更加多元。一般來說,企業往往需要實驗、開發、再試驗、再開發等多個階段才能推出令顧客滿意的商品,但是未來企業的產品可能並不需要盡善盡美,它們只要滿足顧客的某一個方面的需要就能獲得巨大的成功。比如某些拍照軟體可能不如專業的影像處理軟體那樣全能,但是它們掌握了「美肌」這種功能而獲得了成功。

3. 市場占有率

哈默爾指出,未來的市場不再是增量競爭,而將是存量競爭。換言之,未來的企業不再過度關注增加了多少客戶,而是更多地關注如何為現有的客戶提供精細化的服務。現在很多網路公司都強調「細分市場」,就是把市場按照不同的主體進行細分,比如針對學生投放課程廣告、針對老年人投放健康廣告等。

三、競爭的基本方針:
發展預見能力、建構策略框架、塑造核心競爭力

哈默爾認為,如果企業想在未來的競爭中脫穎而出,那麼就必須遵循三個基本方針,分別是發展預見能力、建構策略框架、塑造核心競爭力。

(一) 發展預見能力

哈默爾認為，在未來的競爭中，預見能力將對企業產生十分重要的影響，因為誰能夠預見到未來的發展趨勢，並且預先培養符合趨勢的人才，誰就能在未來的競爭中處於不敗之地。預見能力不是對未來的想像，而是基於企業對自身產業的深刻理解而進行的預測。比如蘋果公司在 1970 年代就預見到未來每個人都會擁有一臺電腦，所以他們毅然投身於個人電腦的製造和生產之中。果然，他們製造的蘋果 2 號電腦大獲成功。哈默爾認為，蘋果公司出色的預見能力並不是因為管理人員的直覺，而是基於蘋果公司對於電腦這一項產品的深度理解和精準把握，他們正是看準了電腦的應用潛力，才預見到未來個人電腦的崛起。

那麼企業應該如何培養預見能力呢？哈默爾提出了兩個策略：

- 第一，擺脫性價比的約束。一般來說，市場上總會有穩定的產品效能和價格的比值，也就是說，在一定的價位區間內，不同產品的效能和功能都大致類似，只有細節不同，沒有本質上的差異。哈默爾認為，正是這種約定俗成的性價比束縛了公司人員開發新產品的想像力，管理人員應該跳出這種約定俗成的性價比框架來思考問題。

- 第二，超越顧客導向。顧客導向是商界長久不衰的一個概念。無數的管理者都告誡過他們的下屬「一切要從顧客出發」，但哈默爾對此觀點持懷疑態度。哈默爾指出，一個企業想要在未來的競爭中取勝，就一定不能只關注顧客導向。道理非常簡單，20 世紀以來的偉大發明，如無線電話、影印機、CD 播放器、導航設備、網路購物等，都不是按照顧客的要求生產出來的。也許，超越顧客導向正是企業在未來競爭中處於領先地位的祕訣。

(二)建構策略框架

在強調了預見未來的重要性之後，哈默爾又強調了建構未來的重要性。哈默爾認為，建構未來的關鍵在於為企業打造一個未來的策略發展框架。從根本上說，策略發展框架，就是指關於組織資源的調配、組織核心競爭力的塑造、組織與客戶的互動介面設計等一系列問題的發展藍圖。

哈默爾指出，要建構一個有效的策略框架，關鍵在於理解機遇、確定目標、堅定行動三個方面。

- 第一，理解機遇。哈默爾指出，對於想要在未來的競爭中取勝的組織來說，理解機遇是一件非常重要的事。機遇不僅與當前組織的策略有關，更與組織未來的定位和發展方向有關。
- 第二，確定目標。在理解未來的發展機遇之後，企業下一步就應該確定自己的發展目標了。哈默爾認為，制定發展目標不是泛泛而談的空想，而是具體的規劃和行動。確定目標時不僅應該關注到未來的機遇，也應該兼顧當前組織的資源水準和現實能力。
- 第三，堅定行動。在理解了機遇和確定了發展目標之後，剩下的就是堅定不移地執行計畫。商業環境是瞬息萬變的，企業必須抵抗住短期利潤的誘惑，著眼於長期的目標和機遇，在長期的標準上獲得成功。

(三)塑造核心競爭力

哈默爾認為，核心競爭力就是指企業技能和技術的一種組合，這一項組合必須有助於實現使用者看重的價值、必須獨樹一幟、必須能夠開發出一系列的產品或服務。比如蘋果公司的核心競爭力是蘋果手機（iPhone），蘋果手機是蘋果公司各種技術的集大成之作，它是使用者最為看重的產

品,也是蘋果產品中銷量最大的品項。圍繞著蘋果手機,蘋果公司開發了耳機、智慧手錶等一系列產品,大幅提升了使用者的依賴性,也提升了蘋果手機的銷量。

那麼我們應該如何塑造企業的核心競爭力呢?哈默爾認為,企業應該從三個方面出發。

- 第一,辨別現有的核心競爭力。哈默爾指出,如果一家公司的管理人員沒有對自家公司的核心競爭力達成共識,那麼就談不上塑造核心競爭力。事實上,管理人員往往需要數月而不是幾週的時間來達成核心競爭力的共識。哈默爾認為,應該成立一個由不同部門的工作人員組成的工作小組,來界定核心競爭力。工作小組的成員構成範圍要足夠廣泛,應該來自於公司的不同職能部門、業務部門、地域與階層,因為多角度的觀點才能保證核心競爭力得到最合理的定義。進一步來講,公司應該確立核心競爭力的關鍵要素,建立並掌握與這些關鍵要素有關的人才庫。

- 第二,制定獲取核心競爭力的計畫。在確定了自己所具有的核心競爭力之後,企業又該如何去獲取那些尚未具備的核心競爭力呢?哈默爾認為,企業應該關注組織的長遠發展,制定組織內部的人才培養計畫和資源發展策略,並及時對自己所具有的核心競爭力進行調整,避免過時的核心競爭力浪費資源。

- 第三,培養新的核心競爭力。哈默爾指出,建立一項領先世界的核心競爭力需要五到十年的時間,這就需要企業做到持之以恆的投入。而要做到這一點,一是公司內部要對培養哪些核心競爭力達成共識,二是高層管理人員最好能保持相對穩定。

12

《權力與影響力》：哈佛智慧結晶

世界頂級企業領導與變革領域權威的代言人
—— 約翰・科特（John P. Kotter）

約翰・科特（1947～），哈佛商學院的「三巨頭」之一，20世紀對世界經濟發展最具影響力的50位大師之一，世界頂級企業領導與變革領域權威的代言人，其核心思想是領導與變革。

科特出生於聖地牙哥，早年先後就讀於麻省理工學院及哈佛大學，1972年開始執教於哈佛商學院，1980年，年僅33歲的科特成為哈佛商學院的終身教授，是哈佛歷史上此項殊榮最年輕的得主。科特出版了數部商業經管著作，包括《權力與影響力》（Power and Influence）、《總經理》（The General Managers）、《變革的力量》（A Force for Change: How Leadership Differs from Management）、《企業文化與績效》（Corporate Culture and Performance）、《新規則》（The New Rules）、《引爆變革之心》（The Heart of Change）、《變革》（Change: How Organizations Achieve Hard-to-Imagine Results in Uncertain and Volatile Times）等。

約翰・科特

一、為什麼要寫這本書

《權力與影響力》成書於 1980 年代。企業國際化、政府監管、有組織的消費者團體和商業媒體的增加，以及員工異質性上升、持續性的技術進步、員工受教育程度日益提高等趨勢使管理和專業工作中的多樣性和互賴性大幅增強，進而使組織的工作性質產生了重大變化，這些變化主要展現在三個方面。

(一) 社會環境的新特點 —— 多樣性和互賴性的增強

多樣性是指人們在目標、價值觀、利益關係、預期和理解等方面的差異。現代社會並不遵循單一、相同的目標，我們有多元的價值觀，對同一事物有不同的理解，導致我們很難統一觀點，共同圍繞一個目標而努力。比如在完成某個專案時有人認為最大目標是利潤最大化，有人認為最大目標是獲得乙方的認可，形成長期的合作關係，這種觀點的多元化會為工作的順利進行帶來阻礙。

互賴性是指兩方面或者多方面由於在某種程度上相互依賴，從而對其他各方擁有一定控制權的情況。比如上司對下屬有職位附帶的正式權力，但是工作的順利進行也依賴於下屬對工作目標的認可，對上司工作安排的配合，很多時候也依賴於平行部門的有效合作。原本上司安排任務，下屬服從安排就可以完成的任務，變得需要依賴下屬的配合、平行部門的協助，工作中互相依賴的情況增多。我們可以預想到，在多樣性和互賴性增強的社會背景下，許多工作將變得更難進行。

(二)社會環境新特點為工作和管理帶來的改變與挑戰

員工的利益、價值觀等方面的多樣性，和實際工作進行中互相依賴的情形增多，會導致工作中產生衝突的可能性大幅提升，企業也需要花費大量的精力來協調、降低、消除衝突。這種時代背景的新變化使許多管理性工作和個體性工作產生了重大變化，主要的變化有兩點。

第一點變化：個體性工作和管理性工作變成了領導性工作，而且在新的領導性工作中，自身所擁有的權力遠遠不足以命令其他人為自己完成任務。

領導與管理有何差異呢？在科特看來，管理者的工作是計劃與預算，組織及配置人員，控制並解決問題，其目的是建立秩序。而領導者的工作是確定方向，整合、激勵和鼓舞員工，其目的是產生變革。因此領導性工作需要具備更綜合、更強的能力。

在多樣性和互賴性增強的複雜工作環境下，原本可以由任職者單獨完成的個體性工作，變成了需要藉助他人的幫助、相互合作才能完成的工作，進行工作的過程中需要統籌、領導相關人員，但是任職者對相關人員沒有控制權。管理性工作也面臨類似的難題，傳統的管理性工作比較簡單，主管有較大的權力指派他人或關鍵人員完成工作，但是隨著多樣性和互賴性的增強，簡單的管理性工作也變成需要相互配合才能完成的領導性工作，但是主管擁有的權力不足以命令相關人員為自己完成任務。

第二點變化：被領導的群體越來越多樣化，導致領導性工作變得更加複雜。

傳統的領導對下屬有較大的許可權，下屬也容易管理，傾向於服從上

級安排。但是在多樣性和互賴性增強的時代，下屬的目標、價值觀、利益更加多元，領導要依賴下屬的配合，因此領導性工作的難度也大幅提升。

（三）如何應對工作和管理中的新挑戰

在多樣性和互賴性增強的情況下，企業面臨著組織工作性質產生重大變化的挑戰，在權力與影響力方面的運用對完成工作、進行管理變得尤為重要。

如果能夠較妥善地運用權力與影響力，能夠進行富有成效和高度負責的領導，複雜的環境也可以產生高明的決策、創造性的解決方案和創新型的產品或服務。高度的多樣性和互賴性並不一定帶來廣泛的衝突，阻礙工作的進展。因此在權力與影響力方面的運用對於將多樣性和互賴性帶來的挑戰轉變成為發展機遇，變得尤為重要。簡而言之，在多樣性和互賴性增強的背景下，工作性質正在發生重大變化，工作性質的變化要求我們熟練掌握領導力、權力和影響力之道，來解決領導工作中遇到的權力倒置、不配合、衝突等問題。

《權力與影響力》的創作就是在上述社會背景下，歷經 12 年，取材於哈佛商學院資助的一系列研究專案，而參與這些科學研究專案的有數十人，最終透過大家的智慧形成了這樣一本對現代管理有著重要作用的著作。並且，科特進行經管研究之餘，還是一位經驗豐富的實踐者，曾經擔任雅芳、花旗、可口可樂等國際知名公司的顧問。可以說，這本書的創作具有豐富的實務基礎和實務指導意義。

二、對權力的新認識：
哪些形式的權力可以作為正式權力的補充

科特對於權力資源形式的闡述豐富多樣，非常符合實際工作。多種形式的權力，主要基於知識、信任、履歷及聲譽、必要的技能四個基礎。

(一) 基於知識的權力

領導工作需要的知識並非是書本或課堂上的知識，而是關於社會現實的詳細資訊。領導為了擁有足夠的權力，需要了解所有的相關群體、利益相關者，了解他們的看法、價值觀、需求，了解各種觀點的重大分歧之處，了解每一個群體是如何用何種權力來追求他們的利益。我們可以聯想一下實際生活，如果我們的主管了解我們的需求，對下屬的觀點與分歧非常清楚，也知道下屬有什麼樣的方法和管道來追求利益，是不是更能掌控大局，更能有效進行工作呢？這種對下屬、對局勢、對分歧的深入把握，贏得下屬的信服，就是基於知識產生的權力。

(二) 基於信任的權力與影響力

為了得到展開工作必要的合作與配合，領導者需要獲得合作者的信任與支持，需要和上司、下屬、同事、客戶等建立合作關係，獲得他們的信任與配合。基於尊重、佩服、需求、責任和友誼的良好工作關係是做好領導工作的重要權力資源。生活中我們也會有這樣的體驗，進行工作不只依靠正式的等級、隸屬關係，對彼此人品、能力等方面的信任會使我們更願意配合工作，更積極地進展工作，這就是基於信任的權力與影響力。

(三) 基於出色的工作履歷和良好的個人聲譽的權力

與上司、下屬等建立信任與合作關係非常困難，我們要獲得上司的認可，樹立對下屬的威信，累積多年的出色的工作履歷，良好的個人聲譽等有助於我們迅速建立和保持與他人的良好工作關係。聯想一下，初次合作，或者新官上任，我們是不是也更願意信服那些有光鮮業績和良好聲譽的合作者或上司呢？我們更願意配合那些有光鮮履歷和良好聲譽的人，就是基於履歷和聲譽產生的權力和影響力。

(四) 基於必要的技能

開發和利用知識、信任、聲譽等資源也需要一定的技能，如準確判斷誰真正擁有解決某問題的影響力的認知能力，與各式各樣的人建立並維持良好工作關係的人際關係技能，知道在實際環境中如何巧妙地運用資訊、關係、正式權力和其他權力資源去施展影響力的技巧等。

這些基於資訊基礎、合作關係、工作履歷、必要的技能等產生的綜合權力與影響力，能夠對職位賦予的權力發揮有益的補充，幫助管理者在高度複雜的企業環境中應對多樣性和互賴性帶來的挑戰，從而實現有效的領導。有了對權力與影響力的形式與基礎的全面深入理解，我們就能更妥善地應對工作性質複雜化帶來的新挑戰。

三、如何應對管理和專業工作的新變化：
有效運用權力與影響力

科特介紹了如何處理權力管轄範圍之外的關係、下屬關係與上司關係，並介紹了在職業生涯初期、中期和晚期應該如何運用和妥善處理權力與影響力。

(一) 如何在不同類型的關係中有效運用權力與影響力

科特認為，對於權力管轄範圍之外的橫向關係，管理者要確認並評估橫向關係，並透過多種方式減少或克服阻力，爭取配合；對於下屬關係，管理者要透過人際關係、充分的資訊、出色的工作業績等來補充正式職位的權力，爭取下屬的信服與配合；對於上司關係，管理者要全面了解上司與自身，建立並維持滿足雙方需求和各自風格的上下級關係。

第一類關係：權力管轄範圍之外的橫向關係。

在管理工作中，我們除了要依賴上司和下屬之外，還要依賴沒有正式控制權的一些人，即權力管轄範圍之外的橫向關係。比如同部門的同事，或其他部門的同事，甚至其他單位的合作者。為了工作的順利進行，我們要從四個步驟入手，妥善處理橫向關係。

- 第一步，要確認哪些是重要的橫向關係，包括那些很微妙的、難以察覺的橫向關係，也就是說我們要先認清推動工作需要哪些權力管轄範圍之外的人的配合。
- 第二步，對這些人之中誰有可能抵制合作，以及可能的原因和抵制的程度進行全面的評估。

- 第三步，盡可能地和這些人建立良好關係，在建立關係的過程中可以採取溝通、教育和談判等方式來減少或克服大部分阻力。我們未必總是能處理好橫向關係，獲得所需橫向關係的配合。
- 第四步，當我們無法很好地處理橫向關係、爭取關鍵人員的配合時，就要精心選擇和採取更巧妙、更強而有力的方法來對付橫向關係中的抵制行為，減少他們對工作的干擾。

第二類關係：下屬關係。

下屬不僅要服從上級指令，上級工作的順利進行通常也要仰仗下屬的配合，下屬對上司也存在多種形式的影響力（如難以替代的技能，專有資訊或知識，良好的人際關係等），因此處理好下屬關係同樣非常重要。為了做到有效的領導，爭取下屬的信服與配合，管理者要從正式權力之外尋找其他方面的權力資源，從而形成自己的影響力，如透過人際關係能力和技巧、良好的工作關係、充分的資訊、出色的工作業績等來補充正式職位的權力。

第二類關係：上司關係。

在實際展開工作的過程中，如果不能得到關鍵上司的支持和幫助，也很難順利推進工作。因此我們還要學會妥善處理與上司的關係，從上司那裡獲得必要的資訊、資源和幫助。為了順利建立和維持與上司的關係，我們需要做到以下幾點。

- 首先，我們要全面了解上司的工作目標、工作方式，領導者所承受的壓力及優缺點。
- 其次，我們要對自身的工作需求、工作目標、個人風格及優缺點有較全面客觀的判斷。

- 再次,我們要綜合了解各方面的資訊,建立一種滿足雙方需求和各自風格的上下級關係,建立一種明確、雙贏的工作期望。
- 最後,在建立和上司的良好關係之後,還要努力維持這段關係,可以透過及時溝通訊息,信任對方,保持誠信,有選擇地占用上司的時間和其他資源等方式維持與上司的關係。

(二) 職業生涯不同階段的中肯建議

科特認為,在職業生涯的初期、中期和晚期,要建立、保持和讓渡權力,從而保全個人和公司的發展。

1. 職業生涯初期:建立適當的權力基礎

年輕人要發展人際關係,就要增進知識、提升技能,並累積出色的工作業績,正確運用權力避開超出自己能力範圍的問題,逐步形成自己的成功特質,不斷擴大自己的權力基礎。

2. 職業生涯中期:要善用而不濫用權力

從事高級管理工作的人員,關鍵的是要做出符合倫理道德的判斷。真正偉大的領導者要綜合考量所有受到公司決策和行為影響的人或團體,全方位地理解人們的利益所在,準確預測公司的決策會為這些人帶來哪些影響,這些影響包含第一輪、第二輪甚至更多輪的影響。

3. 職業生涯晚期:要尋找並培養合適的繼任者,並大方讓權

負責任的領導在職業生涯晚期要實現權力平穩有效的過渡,要挑選優秀的繼任者,對繼任者進行培養,幫助繼任者勝任管理工作,也可以制定一套好的繼任制度。

13

《管理決策新科學》：技術管理的潛在邏輯

決策過程理論的奠基人 ——
司馬賀（Herbert A. Simon）

司馬賀（1916～2001）出生於美國威斯康辛州的一個猶太家庭，是20世紀罕見的全才型科學家，被後世譽為「心智計算的先驅」。

司馬賀年輕時接受了良好的教育，並於1936年從芝加哥大學畢業，其後在加州大學、卡內基美隆大學執教，主要進行組織行為和管理科學的研究。1956年，司馬賀和其他學者在美國召開了電腦科學方面的會議，在會議上正式提出了「人工智慧」的概念，司馬賀也因此被稱為「人工智慧之父」。此後，司馬賀在電腦科學、經濟學、哲學方面均有涉獵，1995年被國際人工智慧會議授予終身成就獎，同年當選中國科學院外籍院士。

司馬賀

值得一提的是，司馬賀終生致力於推動中、美之間的交流和溝通，他先後至中國訪問交流達10次之多。除了他的母國以外，司馬賀在中國生活的時間最長。自1980年起，他一直是中、美學術交流委員會成員，還先後擔任中國科學院、北京大學等單位的名譽教授。

一、為什麼要寫這本書

提起矽谷「鋼鐵人」伊隆・馬斯克（Elon Musk），可謂是無人不知。特斯拉汽車、可回收火箭、私人宇宙飛船這些高科技產物都由馬斯克的公司研發，後來更是釋出了人機介面。經由人機介面，人類可以直接使用意念操作設備。但就是這樣一位高科技公司的執行長，卻在很多場合多次強調人工智慧這一類新技術帶給人類的威脅，會比濫用核子武器更大。

為什麼馬斯克會如此警惕人工智慧這一類新技術？人工智慧這一類新技術對於我們究竟意味著什麼？它會對我們的未來產生多大影響？

1977年，司馬賀寫下《管理決策新科學》（*The New Science of Management Decision*），從管理決策理論出發，分析了新技術對組織管理、組織結構、工作環境等多個方面的影響，同時還對新技術的未來進行了預測。

二、管理決策過程：
4種管理活動、兩大決策類型與新舊技術影響

司馬賀在《管理決策新科學》中闡明了一種管理決策過程理論，以及電腦會對這種決策過程產生怎樣的影響。

（一）4種管理活動

司馬賀認為，管理決策過程可以被分為4個階段：

- 第一階段是情報活動，這一階段的任務是探查環境，尋求決策條件；
- 第二階段是設計活動，這一階段主要包括創造和分析可能的行動方案；
- 第三階段是抉擇活動，這一階段要從備選的方案中做出抉擇；

◉ 第四階段是審查活動，這一階段主要是對過去的抉擇進行評價。

舉個例子：

你現在要請客人吃飯，首先你需要在網路上蒐集附近有什麼好吃的餐廳，這個階段實際上就是你在蒐集有關美食的情報。然後，你會思考怎麼到達餐廳，是搭車還是步行呢？這個階段你就是在設計一個到達餐廳的行動方案。最後，你會將自己選擇的交通方式告知客人，這時你就是在對行動方案進行抉擇。當你見到客人以後，你肯定會問客人交通方式是否合理、路上有沒有耽擱等問題，這些問題實際上就是在對行動方案進行評價。

所以管理決策過程不是什麼神祕的科學，實際上它就存在於我們的日常生活中。這4個階段加在一起，就是決策者所做的主要工作。

同時，司馬賀還指出，管理決策過程的多個階段之間相互交織，有可能在情報和設計活動中，決策者已經在不斷地抉擇，這就導致最終的選擇實際上成為一種必然。

接著上面的例子：

假如你請客的時候發現好吃的餐廳很遠，那麼你肯定會推薦客人搭車前往。也就是說，雖然你現在處於蒐集情報的階段，但是其實你已經做出了最後的選擇。

(二) 兩大決策類型

司馬賀把決策分為兩種類型：流程化決策和非流程化決策。

◉ 所謂流程化決策是指決策呈現出重複和例行的狀態，可以發展出一套處理這些決策的固定流程，比如辦公室的日常執行、財務、行政、管理辦公物品這些工作。

⊙ 所謂非流程化決策是指決策呈現出新穎和無結構的狀態，具有不同尋常的影響。這一類問題不能使用流程化的方式來處理，比如制定組織的發展策略、確定組織的發展方向、處理重大突發事件等工作。

這兩種決策的劃分並不意味著二者之間涇渭分明，其關係更像是光譜一樣的連續統一體，一端是流程化決策，一端是非流程化的決策，這其中存在很多的灰色地帶。現實生活中的決策往往處於灰色地帶而不是兩個極端。

(三) 新、舊技術影響

基於這種流程化決策和非流程化決策的劃分，司馬賀進一步論述了新、舊技術對這兩種決策的影響。

1. 新、舊技術對流程化決策的影響

司馬賀指出，流程化決策中舊技術最明顯的表現就是習慣，組織成員透過習慣建構起共同記憶。在習慣之上就是操作規則，操作規則可以幫助組織教育新成員、提醒舊成員，維護組織的平穩執行。在操作規則上建立起了組織結構，組織結構規定了組織中不同成員的角色定位和行為預設。當然，這種傳統技術也是在不斷的革新當中，司馬賀在《管理決策新科學》中講道：最近的一次傳統技術改革運動就是科學管理運動。

流程化決策的新技術最明顯的表現，就是數學工具和電腦的引入。數學工具包括作業研究、統計學等多個學科。數學工具的使用讓人類只需要透過建立特定條件、建構數學模型、設定標準函式這一系列行為，就能夠求出行動方案，指導人類的活動。而電腦實際上加速了數學工具的應用，

同時由於它的計算能力遠遠超過人類，電腦還能幫人類建構行為模型、預測未來結果。

2. 新、舊技術對非流程化決策的影響

司馬賀認為，非流程化決策的舊技術表現主要在於選拔人才。在司馬賀看來，由於我們對於制定非流程化決策的心理過程尚不了解，所以我們無法充分合理地干預和提升非流程化決策的效率。或者說，我們不知道透過什麼樣的途徑，才能提升非流程化決策的效率。

所以，實際上大部分管理者只能退而求其次，嘗試透過選拔或培訓優秀的決策制定者間接地提升非流程化決策的效率。比如，董事會通常不會直接插手干預企業的發展方向或者經營理念，他們是透過培訓或僱用專業經理人的方式來提升管理決策的效率，這個過程包括專業化培訓、親身體驗、工作輪替等方式。但司馬賀認為，這實際上是一種很不成熟的做法，因為其中存在太多的不確定性。

也就是說，舊技術其實不能有效地提升非流程化決策的效率。

3. 非流程化決策中新技術的作用

司馬賀認為，人們在非流程化決策中經常使用直覺、判斷等詞彙，它們都帶有一種神祕主義的色彩，這種神祕主義掩蓋了思考過程的本質。而司馬賀透過研究發現：人類的非流程化決策過程都包含著解決問題的過程。

司馬賀在這裡做了一個有趣的實驗：

司馬賀要求實驗對象計算一道從來沒有練習過的數學題，並且讓實驗對象在解題過程中必須把解題的思考過程口述出來，司馬賀透過這樣的方式研究人類的決策思考。

研究發現，人們在面對不熟悉的問題時，通常都是對現有的問題進行不斷的細分，直到得出一個能夠輕鬆解決的問題，然後從這個問題開始不斷回溯，最終得出解決方案。司馬賀認為，這種不斷細分的邏輯就是非流程化決策的本質，人們最後的解決方案就是大量的基本元素之間相互作用的結果。

當理解了非流程化決策的邏輯，電腦就能夠模擬人類這種思考過程。這樣一來，電腦一方面能夠幫助人類在非流程化的決策中提高效率，另一方面也能夠指導人類進行非流程化決策的學習。

三、電腦新技術的影響：工作環境優化和推動組織變革

司馬賀指出，電腦自動化的發展不會導致員工的滿意程度降低，也不會導致工作走向僵化與刻板。此外，司馬賀在分析管理決策結構的基礎上，還進一步研究了電腦對管理決策的影響。

（一）電腦新技術可以優化工作環境

事實上，在電腦技術出現以後，人們普遍認為這種新技術會對管理人員和管理環境產生衝擊，但事實上並非如此。人們認為，電腦自動化的負面影響主要是以下兩個方面：

第一，電腦自動化可能導致工作單調乏味，使員工產生負面情緒。

然而，司馬賀根據多個研究所和大學進行的調查指出，員工滿意度的數值沒有任何下降，幸福感指數也沒有下降，不存在員工普遍不滿的情況。

第二，電腦自動化可能導致管理者只注重效率，不考慮員工的感受，最終走向管理的非人性化。

但是，司馬賀根據現有的技術條件提出，那些生產線工廠式的勞動方式在現有技術條件下已經不復存在，取而代之的是更加自由合理的勞動方式，員工既不會被束縛，也不會受到新技術的壓迫，所以管理的非人性化並不存在。

那為什麼會有「管理的非人性化」這種說法呢？這是因為人們對於工廠的印象還普遍停留在卓別林的電影《摩登時代》（*Modern Times*）所描繪的工廠場景中，而實際上現在的工作方式已經和以前大不相同。

調查顯示，新型自動化提供的工作環境比老式的工作環境更加輕鬆。比如，化學工業是當時計算機自動化程度最高的工業，但是其員工感受到的負面情緒遠低於汽車組裝、紡織等較老的機械化工廠。

所以，司馬賀認為，電腦自動化不僅不會增加員工的負面情緒，反而會促使員工工作滿意度的提高。

（二）電腦自動化對管理結構具有變革作用

司馬賀認為，結合電腦自動化的管理結構應當具有以下4個基本性質。

第一個基本性質，資訊豐富的環境。

司馬賀指出，在資訊爆炸的時代，關鍵性的任務不是去產生、儲存和分配資訊，而是對資訊進行加工處理。稀有資源不是資訊，而是處理資訊的能力。毫無疑問，電腦自動化可以幫助人類處理資訊。

司馬賀指出，在可預見的未來，電腦可以把所有人類使用到的資訊轉化為電腦可以處理的資訊。大規模、高速、廉價的電腦處理將會大幅幫助

人類提高決策能力，人類將無需花費精力在記憶、處理資訊方面，只要專注於決策即可。

第二個基本性質，組織的等級結構。

司馬賀認為，一個組織可以被分成 3 層：

- 最下層是基本工作過程，是指生產物質產品的過程；
- 中間一層是流程化決策制定過程，是指控制生產操作和分配的系統；
- 頂層是非流程化決策制定過程，是指對整個系統進行設計和再設計，為系統提供基本目標的過程。

舉例來說：

- 像通用汽車這樣的大型公司，最下層就是汽車工廠，它負責的是生產出汽車產品；
- 中層就是各個分公司的經理，他們負責的是不同工廠之間的協調整合；
- 頂層無疑就是董事會，他們決定著公司的發展方向和未來策略。

司馬賀認為，這種分等級的複雜系統是符合規律的，無論是規模龐大的商業公司還是小本經營的小餐廳，其本質都是對目標任務進行不斷的細分，然後完成細分任務，無數個小任務匯聚成為一個大目標。

電腦自動化也是如此，任何一個複雜的程式都是無數個簡單的二進位制計算組成的。如果把電腦自動化和企業執行放在一起比較，其結果如下：

- 二進位制計算就像大型企業中的工作小組，只需要完成簡單的工作任務；

- 電腦程式就像中階幹部，需要對於工作進行調配、管理；
- 作業系統就像高階經理，控制著不同電腦程式的執行。

電腦自動化能夠在各個階層幫助管理者做出決策，為基層人員優化生產過程，為中階管理者協調工作，為高階主管提供資訊、輔助決策。

據此，司馬賀認為，電腦自動化可以幫助企業穩定分層結構。

第三個基本性質，集權和分權。

司馬賀認為，美國的大企業在引入電腦自動化技術之前更加傾向於放權給下屬公司，讓他們自己做出經營決策，而電腦自動化的引進改變了這一項趨勢。

電腦和自動化的引進讓決策重新趨向集權化：

一方面，公司總部可以直接控制下屬企業。比如，電子郵件等即時通訊技術成熟以後，公司總部可以方便快速地了解下屬公司的動向並作出指示，這一改變大幅縮減了下屬公司的規模，因為總部的管理決策部門實際上可以代替下屬做出決定，下屬公司只要執行命令即可。

另一方面，公司總部可以運用電腦自動化提升效率。比如，在一個工廠中，不同部門共同生產一種產品，但是各部門之間資訊不流通。為了保證工廠的持續運作，各部門都會有一定數量的庫存，公司就必須付出一筆庫存成本。但有了電腦的幫助，部門之間的庫存數量可以即時調整，從而避免積壓、降低成本。電腦自動化的引入，無疑加強了集權的決策效率和品質。

第四個基本性質，許可權與職責。

在司馬賀看來，組織的任何許可權都需要與外部環境的限制和要求互相適應。在原來的組織中，管理者的主要職責來自於內部和上級，而當電

腦自動化出現以後，由於組織內部的事務性工作可以交給電腦處理，所以管理者的主要關注點應該在於外部環境而不是內部決策。

司馬賀認為，電腦自動化的出現使日常決策所需要的人工干預越來越少，管理人員的主要職責是對決策系統進行維護和改進，對下屬人員進行培訓和激勵。比如，現在很多單位都有上班打卡系統，有了打卡系統以後就不再需要專門人員承擔考勤工作，管理者只需要關注打卡系統的正常執行即可，這樣管理者的精力就能夠從日常工作中解放出來，有更多精力進行決策。而中階管理者將會更多地轉化為直屬高層的參謀單位，比如企業中的研究院、高層決策的智囊團這樣的角色，他們的主要職責是對決策系統和規劃系統進行設計和維護。

四、面對未來的電腦自動化：技術進步重塑未來

司馬賀對自動化的擔憂做出了回應，並對新技術的未來做了展望，認為電腦自動化的新技術只會讓未來生活更加美好。

(一) 自動化和社會進步產生的效果

其實，在電腦自動化產生以後，一方面，人們擔心新技術可能會導致大規模的人口失業；另一方面，人們認為新技術可能會導致資源枯竭和汙染環境。針對這兩點擔憂，司馬賀做出如下回應：

首先，對於新技術導致失業的觀點，司馬賀認為這種擔心根本沒必要。

調查資料顯示，在歐洲、美國、日本，一個世紀以來，隨著技術的進步，每個工人提供的產品和每個工人所投入的資本量一直在增加。也就是說，新技術不僅沒有導致工人失業，工人的實際薪資還一直保持持續穩定

的成長。從更大規模的角度來看，科技進步促進了生產力的提高，增加了大多數人的實際收入，也間接地增加了人口規模。

司馬賀進一步指出，透過他對於自動化的研究，他發現工作的技術要求並沒有變化。比如，雖然我們大部分人不會程式設計，但這並不妨礙我們能夠輕鬆使用電腦，因為電腦技術的發展讓簡單易用的作業系統滿足了大多數人的需求。電腦就像一個黑箱，我們只要知道它能夠生產出什麼，不需要關注它的具體生產過程和原理。

基於以上觀點，司馬賀認為，「技術進步會導致普通工人失業」這樣的說法是站不住腳的。

其次，對於新技術導致資源枯竭和環境汙染的觀點，司馬賀認為這種觀點誤解了技術發展的本質含義。

傳統的觀點認為，技術發展必然意味著生產大量的物質和商品，這是工業革命以來的經驗告訴我們的。但司馬賀認為，技術發展的本質含義是：在既定的產出水準下，投入較少的資金和勞動。也就是說，如果我們想在保護環境和節約資源的條件下維持目前的生產水準，我們就需要不斷的技術進步，這其中就包括電腦自動化。

(二) 電腦自動化與管理的社會前景的展望

那麼，司馬賀是如何展望電腦自動化和人類自身認知、未來人口成長之間的關係的呢？

首先，司馬賀認為技術重新塑造了人類的道德認知。

司馬賀認為，新技術、新知識的出現，促使我們行為的後果清楚地呈現在我們眼前。比如，我們現在可以檢測空氣中的汙染程度、食物中的農

藥殘留等。同時，技術的發展不僅提供我們產生新汙染的知識，也提供了減少汙染的知識。比如，我們現在不僅知道如何建造大型火力發電站，也知道如何有效地控制有害物質的排放。

在新技術的幫助下，人類開始重新認識自己對於自然環境的影響，也能夠對不良後果加以改進。從這個意義上來看，新技術、新知識幫助人類重新定位自己在自然中的角色，也幫助人類重新塑造對自己的認知。

其次，司馬賀認為技術促進了人口不斷地成長。

司馬賀指出，由於技術的不斷進步和發展，人口不斷增多和環境資源有限之間的對立越來越明顯。但是這並不意味著我們要倡導技術倒退，回到刀耕火種的農業時代。恰恰相反，正是新技術的不斷發展才保證了現代人生活在一個舒適的環境中，高度的技術也意味著高度發達的福利。

所以，我們無須擔憂人口爆炸會導致地球無法承載，因為新技術的發展將會不斷產生資源有效利用的新方法。

提高管理效率

領導力提升

14

《杜拉克談高效能的 5 個習慣》：管理者必須養成的習慣

現代管理學之父 —— 彼得・杜拉克（Peter Drucker）

彼得・杜拉克（1909～2005）被稱為「現代管理學之父」，是當代著名的思想家，出生於奧匈帝國首都維也納的一個貴族家庭，在維也納度過童年後赴德國和英國一邊工作一邊學習，1943年加入美國籍，曾在銀行、保險公司和跨國公司擔任經濟學家與管理顧問，並在本寧頓學院擔任哲學教授和政治學教授，同時在紐約大學研究所擔任了20多年的管理學教授。

彼得・杜拉克

杜拉克的主要學術成就在於提出了一個具有劃時代意義的概念 —— 目標管理。作為杜拉克提出的最重要、最具影響力的概念，目標管理已成為當代管理學的重要組成部分。他的代表作有《彼得・杜拉克的管理聖經》（The Practice of Management）、《杜拉克談高效能的5個習慣》（The Effective Executive）、《巨變時代的管理》（Managing in a Time of Great Change）等。

一、為什麼要寫這本書

1960 年代，大多數領導學方面的研究者認為「有效的管理者」是天生的，並試圖從管理者自身的素養角度出發，尋找「有效的管理者」所具有的不同於平常人的個人特質。與他們不同，杜拉克從自己的研究和諮詢經驗出發，認為沒有一個「有效的管理者」是天生的，他們之所以能夠做到管理有效，只是因為他們在實務中學會了一些有效的管理習慣而已。

杜拉克認為，組織中的管理者通常會遇到四種情況，而管理者自己基本上無法控制。每種情況都會向管理者施加壓力，將工作推向無效，使組織績效不佳。

- 一是管理者的時間往往只屬於別人，而不屬於自己。
- 二是管理者時常被迫按照陳舊的方法進行工作。
- 三是只有管理者的管理工作對其管理範圍以外產生貢獻時，才被稱為有效的管理者。
- 四是管理者身處組織之內，要有效工作，必須努力了解組織以外的情況。

為了應對這些情況，杜拉克從管理諮詢的實務出發，進行了分析歸納，發現了有效的管理者必須在思考上養成的習慣，並將自己的觀點彙整成書，這部書就是《杜拉克談高效能的 5 個習慣》。杜拉克在書中闡述了管理者如何從做好自我管理出發，進而成為卓有成效的管理者的過程。他認為「卓有成效」是管理者可以透過努力學會的，也是管理者必須學會的。

二、研究內容：管理者「自我管理」的有效性

杜拉克認為，組織的命運繫於成果，組織的成果源於外部的機會、組織的有效決策、人的長處的發現與發揮，以及組織對人「自我發展」的激勵，最終這一切都源於管理者「自我管理」的有效性，而管理者「自我管理」的有效性作為一種習慣是可以學會的。沿著這個邏輯，我們就會明白，管理者工作的有效性決定著一個現代組織的命運。

(一) 誰是管理者

傳統觀點認為企業、醫院、政府機構、學校、工會等機構的主管擁有管理職位，他們的工作職責是對其他人進行管理，因此他們被稱為管理者。杜拉克卻對管理者重新進行界定，他認為在一個現代的組織裡，如果一位知識工作者能憑藉其職位和知識，對該組織負有做出貢獻的責任，且能對該組織的經營能力及達成的成果產生實質性的影響，那麼他就是一位管理者。

對於不同的組織，由於組織目標不同，管理者產生貢獻和影響的具體方式也不同。比如企業的目標可能是推出一項產品或提高市場占有率，醫院的目標可能是對病人進行妥善而有效的醫治。雖然這兩者的組織目標不盡相同，但是其共同點在於管理者是有別於執行人員的，管理者需要盡可能正確地做出決策，並承擔起做出貢獻的責任。

傳統觀點往往根據是否擁有正式的管理職位來界定一個人是不是管理者。與傳統觀點不同的是，杜拉克認為，絕大多數的經理人或行政主管都是管理者，同時許多非主管人員也逐漸成為管理者，也就是說，管理者不一定有正式的管理職位。因為在知識型組織中，除了經理人之外，能做出

貢獻的「專業人士」對於組織能否獲得成功同樣十分重要，他們不一定有管理職位，卻需要承擔決策的管理職權。比如，負責帶領幾十人團隊的人員，只是發揮監工的作用，沒有對團隊做出貢獻，那麼他就不是一個管理者。而有的人可能只是一個剛進公司的實習生，但他能有效管理自己的時間，處理好與上司、同事的關係，能很妥善地整合資源來解決問題和完成工作，那麼他就是一個很好的管理者。

(二) 何謂「有效管理」

如何界定管理者的管理是有效的呢？對於組織而言，其績效往往不是由組織本身決定的，而是由組織以外的實際環境決定的，只有為外部環境做出自己的貢獻，才能算有所成就。比如，企業機構的成果是透過顧客產生的，企業付出的成本和努力必須透過顧客購買其產品或服務，才能轉變為收入和利潤。作為管理者，往往受到組織內部的局限，被內部的各種事務占據更多的時間、精力和能力，難以充分察覺外部環境，充分利用有限的資源，為外界提供有效的服務。

杜拉克認為，衡量有效性的一個重要標準是在不能增加資源供應量的條件下，設法增加資源的產出量。也就是透過管理使能力和知識資源產生更多、更好的成果。管理的有效性是管理者促使組織達成目標和績效的關鍵點，應該受到高度的重視。其中，重視貢獻是管理有效性的關鍵。所謂有效性，往往表現在以下三個方面。

- 一是自己的工作，包括工作內容、工作水準及其影響。
- 二是自己與他人的關係，包括對上司、對同事和對下屬。
- 三是各項管理手段的運用，例如會議或報告等。

書中有這樣一個例子，美國某一商業銀行設有「代理部」，工作非常單調，負責一些日常業務，比如各大公司股票、債券的登記及交易業務，通知發送和股息發放。在新任經理上任前，整個部門從未考慮過「我們部門能做出什麼貢獻」這個問題。後來，新任經理發現代理部與各大公司的高階財務主管有著密切的聯繫，這意味著代理部擁有一項巨大的發展潛力：除了本職工作以外，該部門還可以成為銀行其他部門的「業務員」，從而為整個銀行做出更大的貢獻，從此以後，本來只是檔案處理性質的部門，一下子變成了這個銀行最成功的業務部門。這就是卓有成效的管理。新任經理透過管理使能力和知識資源產生了更多、更好的成果。

(三) 如何才能做到卓有成效的管理

　　杜拉克認為，有效性並不是人類的一種天賦。因為如果像繪畫和音樂天賦一樣，有效性天賦只有少數人具備，那麼就不會產生足夠多的有效的管理者，現代社會的文明恐怕也就難以維持了。如果卓有成效是可以學會的，應該學習什麼內容才能變得卓有成效呢？

　　杜拉克回顧了自己擔任管理顧問時的經歷，他發現，他所認識的許多有效的管理者，雖然脾氣、能力、做事方法各不相同，卻有一項共同點，那就是人人都具有做好本職工作的能力。要具備這種能力，就必須在實務中經歷一段時間的訓練，從而將其慢慢轉化為一種習慣，而這種習慣就是有效性。當然這種有效性不是像天才鋼琴演奏家那樣能爐火純青地演奏，而是能夠勝任，也就是能準確地演奏出音階。

　　杜拉克總結道，要成為一個卓有成效的管理者，必須在思想上養成五個習慣。

- 第一，要有時間管理觀念。對於管理者而言，時間是非常有限的不可再生資源，必須系統地工作，善用時間，清楚應該將時間用在什麼地方。

- 第二，要重視對外界的貢獻。由於組織的績效由外部決定，所有的工作都應該以如何提高對外部貢獻的程度為前提。管理者不能為工作而工作，而是要為了成果而工作。

- 第三，要善於利用長處，包括自己、上司、同事、下屬的長處。有限的人力作為組織重要的資源，只有發揮長處才能更妥善地為組織績效服務。

- 第四，要集中精力在少數重要的領域，只要在這少數重要的領域中有優秀的績效，就可以產生卓越的成果。所以，有效的管理者通常將所有工作按輕重緩急設定優先次序，並堅守優先次序。要事第一，有所取捨，避免多線作戰導致的一事無成和資源浪費。

- 第五，要善於做有效的決策。因為有效的決策事關處理事務的條理和秩序，能夠產生引導組織邁向成功的正確策略。

這些要點都是杜拉克基於他在諮詢機構多年的工作經驗以及累積的實證案例分析得出的，具體可以分為三個方面的內容。

第一方面：時間管理。

對於管理者來說，時間是最稀缺的資源，而認清時間是掌握時間的前提。對於時間，我們需要回答兩個問題：第一，自己的時間夠用嗎？第二，自己的時間用得高效嗎？關於這兩個問題，不能給出模糊的回答，需要給出精確的答案。

舉個例子，杜拉克曾經採訪過一位執行長。這位執行長自認為時間

觀念特別強，杜拉克就問他：你的時間都是如何利用的？執行長的答案是：1/3 的時間用於與公司高階主管研討業務，1/3 的時間用於接待重要客戶，剩餘 1/3 的時間用於參加各種社會活動。但是，實際記錄了 6 週之後，杜拉克發現這位執行長並沒有在他所謂的三個方面花多少時間，這個比例只不過是他自己認為的而已，因為他的「記憶」告訴他已經將時間用在這三個方面了，實則不然。由此可見，紀錄要比記憶可靠多了。管理好自己的時間，首先要做到了解當前自己的時間實際上是怎麼耗用的。我們也可以嘗試記錄自己的時間分配，看看自己想像的時間分配和實際的時間支出相差有多大。

我們知道，每一位管理者都面臨著各種壓力，迫使他們不得不花一些時間在非生產性事務上，比如各種應酬。想要獲得時間上的有效性，管理者在大多數情況下都需要相當多的完整時間。比如一份報告可能需要 6 至 8 小時才能完成初稿，如果每次耗時 15 分鐘，每天 2 次，這樣耗費 2 個星期的時間恐怕都不如一段完整的 7 小時效果來得好。所以管理者要取得好的成果和績效，必須著眼於整個組織的成果和績效，將時間從繁雜、瑣碎的工作轉移到成果上。從這個意義上來說，關於如何充分妥善利用自己的時間，杜拉克的答案是：記錄時間支出，診斷時間利用，消除浪費時間的活動，統一安排可以自由支配的時間。

診斷時間的第一步就是記錄時間。在開始工作前，有意識地記住開始的時間和結束的時間，記錄自己的時間支出，每天做一個小總計，每週做一次檢討，這樣一來，就可以比較清晰地看到自己的時間支出。人們對時間的感覺往往是不可靠的。任何一位管理者都可以透過自己記錄或者助手記錄的方式，將自己的時間消耗進行詳細的記錄。再進一步分析，找出來哪些事情根本不必做，哪些活動可以由別人代為參加而不影響效果，哪些

活動是在浪費別人的時間，進而減少此類的活動。

大膽減少無效的工作絕對無損於有效性。第二次世界大戰期間，富蘭克林‧羅斯福總統（Franklin Roosevelt）的機要顧問哈里‧霍普金斯（Harry Hopkins）就是一個案例。他當時體衰力竭，每隔一天才能辦公幾個小時，迫使他不得不把一切繁雜事務都撇開，僅處理真正重要的工作。即便如此，他的工作成果在當年美國政府中無出其右者。

除了非生產性事務之外，管理者同樣應該重視由於管理不善和機構缺陷產生的時間浪費。比如很多組織中都存在一個通病，就是會議太多。會議往往是組織缺陷的一種補救措施，而會議有可能衍生出其他會議，不斷造成時間的浪費。此外，訊息功能不健全或者訊息表達方式不當，同樣會造成時間的浪費。管理者需要改進這些方面以節約時間，進而提升工作效率。

在如何安排可以自由支配的時間的問題上，杜拉克提出的一個重要方法就是，讓自己的時間產生最高效率，即不要把自己的時間割裂得太碎片化，集中時間與精力去做一件事情。只有統一安排可以自由支配的時間，盡量安排整段時間，才能找到最適合自己的時間安排。

第二方面：貢獻導向。

在做好時間管理的前提下，管理者需要經常思考：我能貢獻什麼？往往是「你能貢獻什麼」決定「你能獲得什麼」。在自己的專案中，必須經常有這樣的貢獻導向意識。這很好理解，只有產生成果，才能有話語權。有成果的人，準時下班是高效；沒成果的人，都不好意思準時下班。

樹立貢獻導向意識後，如何發揮人的長處就成了有效管理的關鍵，這包括兩個方面的內容。

- 第一充分發揮下屬所長。管理者都希望找到一個完美的人來適應自己的工作。這當然是不可能的，因為沒有絕對完美的人。管理者應盡力發揮下屬的長處，正所謂「垃圾是放錯了地方的資源」，對一個管理者而言，只有發揮別人的長處，盡量避免他的短處，才能促使他做出成果。如果管理者總是盯著下屬的缺點，忽略了他的長處，會導致人力資源的浪費，直接影響組織的績效。

- 第二發揮上司所長。這是向上管理的關鍵之處。如何做好向上管理？杜拉克的觀點是，幫助上司晉升是下屬成功的捷徑。每一個管理者都應該弄清楚：自己的上司究竟能做什麼，有過什麼成就，需要什麼幫助，如何發揮他的長處？千萬不要勉強上司做不擅長的事情，也不要企圖改變上司，抱怨上司的短處。上司一定有過人之處，有自己的一套有效的方式、習慣和方法。下屬必須據此改變或調整自己的方法，以協助上司，發揮上司的長處，從而使上下一致，為整體績效做出貢獻。向上管理要求管理者把資料、事實、知識、盤點、對策、智慧、直覺或經驗，貢獻給自己的上司，幫助上司做出正確的決策，使上司的決策能夠有效地支持自己的工作，至少不會為自己添麻煩。

對於向上管理，杜拉克得出了四項要點：一是幫助上司成長，二是妥善利用上司資源推動自己的工作流程，三是主動和上司溝通，四是節約上司的時間。如果能按照這四點進行上級管理，往往會達到令人滿意的效果。

除了要處理好與上、下級的關係，處理事務同樣要有序可循。這個序就是要事優先。對於事務處理的優先順序有四個重要的原則，這些原則都與勇氣有關，與分析無關：一是選擇未來而不是過去；二是關注機會而不是問題；三是不能隨波逐流，要有個性；四是要選擇能帶來變革的事而不

是平淡無奇的事。要事優先很容易理解，但很難做到，要做到要事優先，一個簡單的方法就是，每天為自己列工作清單，嚴格按照清單的順序執行工作。

第三方面：做好決策。

在工作的執行過程中，管理者需要進行有效的決策。那麼，如何做出有效的決策呢？杜拉克認為，要從衝突中找到決策。好的決策，應以互相衝突的意見為基礎，從不同的觀點和不同的決斷中選擇。所以說，如果沒有不同的見解，就不可能有好的決策，這是決策的第一原則。

衝突源於事實，做決策不能只靠「直覺」，要用事實來檢驗看法。反對一開始就先下結論，然後再尋找事實來支持這個結論的做法。正確的決策必須建立在各種不同的意見充分討論的基礎上。

要做正確的決策，最好的辦法就是仿效法院的判案方法，讓全部有關的事實都擺在法官的面前，從兩方的辯論中去求取事實的真相。對於具體問題，到底做不做決策，做了決策，可能有什麼收穫和風險；不做決策，又可能有什麼損失。至於如何比較，通常沒有固定的公式，實際上只要遵循這樣的原則就夠了：如果利益大於成本及風險，就該行動；行動或不行動，切忌只做一半。

至此，杜拉克描繪出了一幅管理者的「有效性」地圖。

- 一是重視目標和績效；只做正確的事情。
- 二是一次只做一件事情，並且只做最重要的事情；極為審慎地設定自己的優先順序，隨時進行必要的檢討，毅然決然地拋棄那些過時的任務，或推遲那些次要的任務；知道時間是最為珍貴的資源，必須極為仔細地使用時間。

- 三是作為一名知識工作者，了解自己所能做出的貢獻在於：創造新思想、願景和理念；以貢獻為導向，為了達成整體目標，激勵他人做出自己的貢獻，提高整體績效。
- 四是在選用高階管理者時，注重出色的績效和正直的品格；關心一個人能做什麼，而不是他不能做什麼；致力於充分善用人員的知識和技能，利用這些優勢達成組織的目標。
- 五是了解增進溝通的重要性，選擇性地蒐集所需要的資訊；理解有些事物不能被量化，而過多的資訊會導致混淆和混亂。
- 六是只做有效的決策。

這一幅地圖不僅幫助無數的管理者提升了管理效率，也為後來的管理學研究奠定了一定的基礎。

15

《管理學》：五大職能與理論內涵

管理過程學派代表人物 ——
哈羅德・昆茲（Harold Koontz）

哈羅德・昆茲（1908～1984）是美國著名的管理學家、西方管理思想發展史上管理過程學派的主要代表人物之一，是國際管理學界享有盛譽的管理理論大師，曾為美國管理學院和國際管理學院院士，並擔任過美國管理學會會長、美國加州管理研究院名譽教授，獨自完成或合著了 19 本書和 90 多篇論文。

哈羅德・昆茲

獲耶魯大學博士學位後，昆茲在美國、荷蘭、日本等國的大公司中擔任諮詢工作，並擔任過企業和政府的高階管理人員、公司董事和董事長、管理顧問。哈羅德・昆茲是走在時代前面的人，他提出的管理學理論和系統方法堪稱經典。他按照管理職能將管理知識分類並不斷加以推廣，使其成為世界各地廣為使用的一種理論框架。

SWOT 矩陣的創始人 ——
海因茨・韋里克（Heinz Weihrich）

海因茨・韋里克，現任舊金山大學管理學教授，在加州大學洛杉磯分校獲得博士學位，曾入選國際管理研究院研究員。韋里克博士的研究領域為管理學、國際管理和行為科學，他是 SWOT（Strengths, Weaknesses, Opportunities, Threats 即優勢、劣勢、機會、威脅）矩陣的創始人，該方法現在被廣泛應用於策略制定領域。除了在學術上卓有建樹之外，韋里克博士還涉足美國和許多國家的企業實務，為企業提供管理諮詢、進行組織設計等，曾在柯達、賓士、大眾、通用汽車公司，以及美國休斯航空公司、瑞士 ABB 公司、中國能源有限公司等做過諮詢和培訓工作。

海因茨・韋里克

一、為什麼要寫這本書

　　管理是設計並保持一種良好環境，讓人們在群體狀態下高效率地完成既定目標的過程。《管理學》(*Management*) 這部著作將管理的定義擴展為：管理者要完成計畫、組織、人員、領導、控制五種管理職能。進而，昆茲依據這些職能將管理知識整合起來，並將管理的理念、原則、理論和方法貫穿在這五種職能之中，其所形成的理論框架系統為許多管理學教材所採用。

　　管理的原則是跨越國界的，但是管理理念的應用卻因國家體制和社會文化而有所不同。這本書結合了西方成熟的企業管理理論與當前全球化的競爭環境，透過闡述不同國家企業管理的方式，讓讀者感受全球化浪潮對於管理學的巨大影響。

　　《管理學》一書涵蓋了不同國家大量的企業典型案例，讓這本理論性很強的管理學教材更具實用價值，其中尤其展示了管理理念和理論在亞洲環境中的應用。全書蘊含著國際化管理的觀點，闡述了不同國家和地區企業的管理做法，對各國企業有著很強的借鑑意義。

　　此外，《管理學》還奠定了昆茲在管理過程學派中的學術地位，在西方管理學界產生了很大的影響。管理過程學派又稱管理職能學派，是由昆茲和西里爾‧奧唐納 (Cyril J. O'Donnell)（美國加州大學教授）共同建立的，而管理職能理論是在法國管理學家亨利‧法約爾的一般管理理論基礎上發展而來的。

二、計畫：開始管理的第一步

計畫是管理的第一步，它決定了完成使命和目標的行動方案，其前提條件是預測環境，包括對未來和已知條件的假設或預測。管理人員進一步對不同計畫做出決策，為企業未來的發展選擇合適的行動方案。

(一) 計畫的類型

計畫的類型多種多樣，大到整體目標規劃，小到瑣碎的行動計畫，主要包括使命和宗旨、目標和目的、策略、政策、流程、規則、規劃和預算等。其中，策略就是指確定企業的使命或宗旨以及企業的長期目標，進而制定行動方案並配置必要的資源，來實現這些目標；政策就是指在制定決策時對管理人員給予指導的一般性陳述或說明。需要說明的是，制定的策略和政策主要涉及企業的成長、財務、組織、人員、公共關係、產品或服務以及行銷等。而策略和政策為計畫提供了框架，指導了計畫的實現。

(二) 計畫的核心

計畫的核心是決策，也就是從備選方案中選擇未來的行動步驟。然後，管理人員必須制定支持性計畫以確定預算。決策是對企業的資源配置、發展方向和聲譽做出承諾，包括流程化決策和非流程化決策。流程化決策適合規律性或常規性問題，這類決策通常由較低階的管理人員和非管理人員做出。非流程化決策用於解決那些無規律性和非常規性的問題，需要由高階管理人員來處理。由於決策過程中存在一定的風險，面對不確定的環境，管理人員應該十分清楚所選行動方案執行時所遇風險的程度和本質。

(三) 計畫的目的和性質

計畫的目的和性質涉及四項原則。

- 第一，貢獻原則，每一個計畫及其所有的輔助計畫要有利於企業目標的完成。
- 第二，目標原則，計畫所要實現的目標必須是清晰的、可實現的和可考核的。
- 第三，領先原則，計畫是一切管理職能的前奏。
- 第四，效率原則，計畫的效率性可以用計畫在實現和完成目標的過程中所發揮的作用，減去制定和實施計畫所產生的費用，以及一些非預見性的結果來衡量。

在制定計畫的過程中，計畫結構也需要遵循兩項原則。

- 第一，前提原則，也就是分管計畫的人員能夠充分了解和同意計畫，並利用這種計畫的一致性前提來促進企業計畫的協調發展。
- 第二，策略和政策框架原則，如果策略和政策能夠在實務中清楚地被員工理解並得以實施，就能夠讓企業的計畫框架具有一致性和有效性。

這兩項原則不僅把同一企業內部的不同計畫緊密地連繫在一起，更重要的是，能夠讓輔助計畫服務於主要計畫，同時確保一個部門的計畫與另一個部門的計畫互相協調。

(四) 促進計畫實施的重要因素

在計畫過程中，有四方面能夠促進計畫的良好實施。

- 第一，限制因素。在各種備選方案中，只有準確地了解和採用那些對期望目標的實現發揮限制性或關鍵性的因素，才能更容易、準確地選擇最有利的備選方案。
- 第二，預約性。一個合理的計畫應當留出適當的時間，讓管理人員能夠預測未來的發展方向。
- 第三，靈活性。為計畫保留一定的靈活性，會減少一些突發事件所造成的損失與風險。
- 第四，導向性變化。透過定期檢查事件和預期，並在必要時重新制定計畫以繼續沿著既定目標前進。

值得注意的是，除非在計畫中加入了靈活性，否則導向性變化將是非常複雜或代價高昂的，而計畫的靈活性往往也是企業成功的重要因素。

三、組織：一種有效的管理手段

組織是管理工作的一部分，旨在建立一個精心策劃的、適合企業內部員工配置的角色結構。這裡的角色，指的是人們做事的明確目標，並知道自己的工作目標如何與群體的目標一致，同時擁有必要的職權、手段和資訊去完成任務。

(一) 組織的具體內涵

要了解組織的具體內涵，首先要確立組織結構的目的，就是創造一個促使員工完成任務的環境，它本身是一種管理手段，而不是結果。明白了組織的重要內涵後，我們就要了解，要使一個組織角色能夠存在並有實際的意義，在組織過程中需要完成以下工作。

- 第一，確定所需要的活動並加以分類。
- 第二，對那些為實現目標所需要的活動進行分組。
- 第三，每一個小組安排有監督職權的管理人員來領導（授權）。
- 第四，為組織結構中的橫向協調（按照組織的同級或類似層級）和縱向協調（如公司的總部、事業部、其他部門）制定有關的規定。

同時，組織結構的設計應該明定誰去做什麼，誰要對什麼結果負責，並且消除由於分工不清而造成的工作障礙，還要提供能反映和支持企業目標的決策和溝通網路，從而保證組織內部各項活動協調一致，讓人們在群體中工作高效且有益。

(二) 組織工作的實質與步驟

組織工作的實質是建立一個確保有效績效的職務角色結構和一個決策與溝通網路，以實現群體目標和企業目標。為了讓組織正常工作，管理人員需要了解組織結構並將組織原則付諸管理過程。需要指明的是，正式組織是有意形成的角色結構，而非正式組織是自發形成的人際和社會關係網路。管理人員經常能透過非正式組織獲取更多的資訊，以此來保證組織內部訊息溝通的順暢，從而改善組織的有效性，建立和培育適宜的組織文化。

此外，組織工作的步驟包括制定主要目標和支持性的目標、政策以及實現目標的計畫，確定各種活動並將其歸類，按活動劃分部門、授予權力，並協調權力和資訊之間的關係。其實，最適合的組織發展方式取決於特定環境下的各種因素，比如所要完成工作的類型、完成任務的方式、參加的人員、採用的技術、服務的對象及其他內外因素。因此，有效的組織應保

持其靈活性,並根據環境的變化做出調整。管理者應當選取適宜的組織發展方式,以便能夠有效且高效率地完成組織目標和個人目標。

(三)組織存在的目的及組織設計原則

組織存在的目的是幫助企業得以實現目標,為提高組織效率做出貢獻,而組織設計需遵循以下三項原則。

- 第一,目標統一性。如果一個組織結構能夠讓每個人都去為了同一個企業目標而努力,那麼這個組織結構就是有效的。
- 第二,組織效率性。如果組織結構有助於企業目標的實現,那麼組織目標所產生的結果是非預見性事件的發生率或成本就會最低,這個組織也就是有效率的。
- 第三,管理幅度原則。在每一個管理職位上,一名管理人員能有效管理的人數是有限的,具體人數取決於不同組織內部相關變數的影響。所以,組織內部需要管理幅度適宜、整體組織結構層級分明。

(四)組織職權的有效使用與分配原則

職權是組織內管理人員運用其自主權建立發揮個人績效環境的工具,而有效使用職權,也能夠促進組織內部部門之間的協調。職權分配需要遵循以下原則。

- 第一,等級原則。組織中從最高管理職位到各個下級職位的職權界限越清楚,制定決策的責任就越明確,組織內的溝通也就越有效。
- 第二,根據預期結果職權委任原則。高階主管委任給各個管理人員的職權要有足夠的力度,以確保他們能完成預期的結果。

- 第三，責任絕對性原則。績效是下屬對上級應該承擔的絕對責任，上級絕不能為其下屬的組織活動推卸責任。
- 第四，職權和責任對等原則。對行動所負的責任不應該超越其所接受委託的職權，也不應該小於這個職權。
- 第五，統一指揮原則。明確的上、下級隸屬關係能夠降低由工作指令所引發的矛盾，讓下屬基於結果的責任感更強烈。
- 第六，職權級別原則。維持預期的委任，要求每一個管理人員在其職權範圍內做出決策。

同時，在組織運轉的過程中，職權使用還需要注意以下三點原則。

- 第一，平衡性原則。也就是保證效率與其所帶來的利益互相平衡。
- 第二，靈活性原則。要求預測和應對變革的手段和方法，應預置在每個組織結構之中，在不斷變化的內部和外部環境中向目標前進。
- 第三，促進領導力原則。組織結構應該能夠建立一個讓管理人員發揮最大作用的環境，這將有助於提高管理人員的領導力。

四、人員：企業最重要的資本

人是公司有效運轉中不可或缺的因素，管理人員的責任就是要採取措施，讓員工個人對集體的目標做出最大的貢獻。所以，人員是企業最重要的資本，人員管理也是企業管理的核心要素。

(一) 人員管理的職能

人員管理的職能，指的是組織結構中職位的填補和不斷充實，包括釐清工作人員必須具備的條件，儲備後備人員，應徵、選拔、安置、晉升和評價員工，制定員工職業生涯規劃和薪資報酬，培訓人員，或用其他方式提高後備人員和在職人員的素養，使其能夠高效益和高效率地完成任務，以此來保證組織結構中人員的穩定。同時，人員管理必須與組織管理緊密相連，也就是有目的地確立角色和職位結構。

(二) 人員管理的目的

人員管理的目的主要包括管理人員的目標與人員配備。其中，管理人員的目標就是要確保整個組織中的工作角色由合格的人員來擔任，而這些員工要有能力並願意從事這些工作。同時，人員配備要求組織中工作角色和相關人力資源需求的定義明確，管理人員考評和培訓所用的方法適宜，從而提升人員素養，更有效和高效率地開發企業員工的潛能。

(三) 人員管理的方法

在人員管理過程中，主要涉及三種有效的人員管理方法。

- 第一，職位職責。根據不同的需求來安置不同職位的工作人員，而這些工作角色必須具有足以誘導人員盡職的因素，如薪資、地位、權力、自主權、工作滿意度等。
- 第二，管理考評。考評是有效管理的關鍵環節，應該衡量目標和計畫實施過程中的績效以及考評管理人員的績效。並且，可考核的目標和

所要求的管理活動應能夠明確地加以界定，績效的衡量應該基於可考核的目標和管理人員績效標準。

- 第三，公開競爭原則。透過鼓勵所有管理職位候選人的公開競爭，為有能力的人提供發展的機會，同時也提高企業的整體管理水準。

同時，在一個快速變革和充滿競爭的環境裡，企業必須透過管理培訓和管理開發，設立明確的培訓目標，必須促進管理人員不斷更新管理知識，透過反覆評價所設定的管理方法，不斷提高管理技能和績效。這裡的管理培訓指的是為了促進學習而實施的計畫，通常是短期性的活動，旨在讓管理人員更妥善地執行工作。這裡的管理開發是指長期性的、面對未來的計畫以及個人在學習管理的過程中所取得的進步，包括各式各樣的企業內部和外部培訓項目。

相應地，組織發展是一個系統的、完整的、有計畫的流程，用以提高群體、整個組織或組織內部主要部門的有效性。在此過程中，管理者運用不同的方法來辨識和解決組織所存在的問題。所以，組織發展主要針對整個組織（或其中一個主要部門）而言，管理開發則針對個人。組織的發展與員工的發展應該相輔相成，透過二者的結合提高企業管理人員的素養和企業的有效性。

五、領導：管理藝術性的展現

領導工作是指如何影響下屬，並讓下屬能夠為組織和群體的目標做出貢獻的過程。領導工作主要涉及管理工作中的人際關係方面，這是管理的一個重要方面，有效進行領導是一名有效管理者的必要條件之一。

領導意味著服從，而人們往往會跟隨那些能滿足大家需求、願望和想

法的領導人，所以領導過程涉及激勵、領導作風和方法以及溝通。昆茲和韋里克把領導定義為影響力，即影響人們心甘情願和滿懷熱情地為實現群體的目標而努力的藝術或過程。所以，領導職能是管理藝術性的集中展現。

(一) 領導的激勵職能

在領導職能中，最重要的一項工作便是激勵。激勵涉及各種驅動因素：欲望、需求、願望以及其他影響力。昆茲和韋里克提出了關於激勵的幾個重要理論。

- 一是激勵期望理論，指的是如果人們認為這個目標值得付出努力，而且他們能夠看到所做的工作有助於目標的實現，他們就可以為實現目標而努力。
- 二是公平理論，指的是人們基於別人的報酬，而對自己所取得的報酬與付出的公平性進行比較的主觀判斷。人們都期望得到公平的待遇，如果自己的薪酬低於相似的其他人，就會產生怨恨、嫉妒等負面情緒，還會出現消極怠工、透過其他方式自我彌補、主動離職等行為。
- 三是強化理論，指的是對好的行為給予讚揚會激勵人們努力，那些可獲得的、可考核的以及被人們理解和接受的目標可以產生激勵作用。激勵的方式不僅是金錢和報酬的獎勵，還包括積極採取措施讓員工的工作更具挑戰性，以激發員工的積極性。

（二）領導的溝通職能

　　另一項行使領導職能的重要工作就是溝通。有效且迅速的溝通能夠確保組織內部的正常執行和組織與外部環境的良性互動，尤其是對於領導層級較多的部門來說，多次的訊息傳遞難免會造成訊息失真，甚至可能使管理職能失靈。因此，精準有效的訊息傳達，能夠使員工更快接受命令，提高管理效率。同時，管理人員也要關注那些「干擾」順利溝通的噪音，正確運用非正式組織的溝通管道，包括員工形成的私人團體等，有效補充正式組織溝通管道的不足。

　　要知道，訊息無論對錯，都會在非正式組織裡快速傳播。所以，管理人員應該利用這種現實，糾正誤傳訊息，並提供那些透過正式溝通系統不能有效發送或正確接收的訊息。此外，管理人員還應及時做好溝通回饋工作，有效使用電子媒介進行高效溝通，保持訊息交換管道的通暢，避免組織溝通出現障礙。

六、控制：保障計畫的實現

　　管理的控制職能是評價和糾正員工行為和組織績效的手段，以此來確保工作進展符合計畫要求，或及時修正計畫的不足之處，透過控制整個工作流程來保障管理計畫的完成。

　　實質上，「控制」與「計畫」有重要的關聯。控制職能的重點在於衡量工作績效，進而讓管理人員檢查並確定工作結果是否與計畫相吻合。常見的控制手段包括費用預算、檢查工作紀錄等。管理人員運用這些控制手段來衡量計畫是否順利實施，如果計畫實施過程中不斷存在偏差，管理人員就應及時採取措施加以糾正，進而控制員工的工作流程。

要使控制的效率實現最大化，需要堅持以下三項原則。

- 第一，控制的責任。控制的主要責任由實施管理計畫的管理人員來承擔，在組織結構沒有改變的情況下，管理人員不能推卸或擅自取消應負的責任。

- 第二，控制的效率。有效的控制技術和方法可以做到最低的成本和最少的非預期後果，並能及時發現和分析出計畫偏差的性質及原因。不過，如果管理人員把太多的精力放在控制上，便可能增加控制過程的成本與複雜性，而造成無效控制。

- 第三，預防性控制。管理系統中高水準的管理人員往往較少採用直接控制，而是能夠及時地發現脫離計畫的偏差，並迅速採取行動糾正偏差。

在控制過程中，也應遵循以下原則。

- 第一，標準原則。有效的控制需要客觀的、準確的和合適的標準，應有一個簡單的、具體的、可考核的方法來衡量一項計畫是否圓滿完成。

- 第二，關鍵點控制原則。管理人員如果按照計畫的每一個細節去實施往往會浪費大量的時間，所以要辨別重要關鍵點，也就是那些重要的、能表示偏離計畫的、影響工作績效的明顯因素。

- 第三，例外原則。管理人員還應把注意力放在與預期績效例外情況的控制上，關心控制過程中這些關鍵點上偏離的程度。

- 第四，靈活性原則。控制不能僵化地與計畫捆綁在一起，以防整個計畫失敗或者計畫突然發生變化。

- 第五，行動原則。及時採取行動，透過重新修訂計畫或是增加新計畫來糾正那些已經被發現或實際偏離計畫的行為。

《領袖論》：領袖的養成之路

美國政治領導學研究的先驅
—— 詹姆斯‧麥格雷戈‧伯恩斯（James MacGregor Burns）

詹姆斯‧麥格雷戈‧伯恩斯，1918 年出生在美國麻薩諸塞州，從小接受了良好的教育，先後就讀於哈佛大學和倫敦政治經濟學院。1947 年，伯恩斯加入了威廉斯學院並在那裡任教近 40 年。

在學術方面，伯恩斯曾是美國政治科學協會和國際政治心理學會的成員，還曾獲得美國新聞界的最高獎項普利茲獎；在政治方面，伯恩斯是美國民主黨全國代表大會的代表，還參選過國會議員，同時他還先後為約翰‧甘迺迪（John F. Kennedy）、羅斯福等美國總統寫過傳記；在軍事方面，伯恩斯積極參與美國陸軍的戰鬥，並被授予青銅勳章。他在學術、政治、軍事等方面的經驗，使他理解到一名傑出領袖的重要性。

詹姆斯‧麥格雷戈‧伯恩斯

一、為什麼要寫這本書

伯恩斯從世界上多位領袖的人生經歷出發，以一個歷史學家和政治學家的視角，對全世界的政治歷程和權力進行觀察和歸納，深入探討領袖的起源、類型、行為等方面，比如他們是如何與民眾進行互動，他們又是如何在決策和競爭中施展自己的權力而不斷贏得勝利等。這本書融合了伯恩斯獨特的視角和非凡的人生經歷，為後續領導科學的研究打下了堅實的基礎。

二、領袖的真實含義：權力、價值與關係

領袖的真實含義是什麼？傳統定義認為，領袖與權力密不可分，領袖的本質在於駕馭權力，只要掌握權力，就能夠成為領袖。伯恩斯卻指出，雖然權力最能夠展現出領袖的地位和實力，但權力絕不是領袖的全部。因為權是有限度的，無限的使用權力只會招來反抗和爭議，任何領袖都必須理解到這一點。伯恩斯進一步指出，領袖所包含的內容不限於權力，還包括價值、關係等方面。

(一) 權力

任何論述領袖的文字都離不開「權力」這個字眼，因為權力最直接地展現出領袖的地位和能力。憑藉權力，領袖可以順暢地執行自己的意志、快速地調整自己的部署，使整個組織按照自己的意志來進行運作和分配。可以說，有權力的人不一定是領袖，但沒有權力的人一定不是領袖。但是伯恩斯沒有止步於此，他進一步探討了領袖的權力來源。

伯恩斯認為，領袖離不開權力，而權力離不開動機和資源。動機就是指我們做某件事的目的是什麼，資源就是指我們做某件事的現實條件是什麼。比如我們想要減肥，那麼我們的動機就是變得健康，資源就是我們能執行減肥的物質條件，比如跑步機。伯恩斯認為，權力是建立在動機和資源之上的，如果二者缺其一，那麼權力就會崩潰。比如，春秋戰國時代的群雄逐鹿，各個霸主都在爭奪地盤和人口，這就是在爭奪資源。爭奪到的資源越多，霸主的軍隊就會越多，權力也就會越大。

　　但是光有資源還是不夠的，還要講究「名正言順」，所以他們每次打仗都要找一個正義的理由，而這種理由就是動機的展現。因此，伯恩斯認為，沒有合理的動機，權力是無法順利行使的。再比如劉備的「匡扶漢室」，曹操的「挾天子以令諸侯」，都展現出了動機的重要性。

　　總而言之，伯恩斯認為，權力的基礎是資源和動機，這二者決定了領袖權力的大小和執行是否順暢。

(二) 價值

　　在掌握了權力之後，領袖是否可以高枕無憂了呢？伯恩斯認為完全不是。領袖還需要在變動的環境中，證明他自身的價值。這裡的價值，指的是領袖存在的必要性和統治的合理性。比如，古希臘哲學家柏拉圖（Plato）在《理想國》（*The Republic*）中指出，哲學家之所以能成為城邦的領袖，關鍵就在於他有完全的智慧和完備的思想，是智力上的王者。但是這種觀點受到了伯恩斯的質疑，因為哲學家既沒有專業的技能，也沒有充分的證據來證明其智慧超乎常人。在這種情況下，哲學家被視為領袖的合理性就會受到質疑。

伯恩斯指出，領導者必須建構出一種合理的價值，而這種價值正是領袖統治的根基。比如三國時期的劉備，他就為自己樹立了所謂「漢朝正統」的價值，這種價值昭示著劉備自身的合法性，就是說只有劉備才是這個天下合法、合理的統治者，其他人的統治都無憑無據。而在現代，一些國家的總統競選就是雙方不斷建構起自身價值的過程。在競選過程中，雙方不斷攻擊對方的理念、制度和方法，削弱對方存在的合理性，加強自身存在的合理性，從而最終奪取領袖地位。

總之，伯恩斯認為，價值是領袖存在的重要基礎，沒有價值，領袖的統治就名不正、言不順，難以長久地持續下去。

(三) 關係

所謂關係，就是指領袖與追隨者之間的關係。伯恩斯認為，領袖之所以能成為領袖，就是因為領袖有一群追隨者，並且這些追隨者能夠矢志不渝地執行領袖的意志、擁護領袖的領導。如果沒有追隨者，領袖將不復存在。伯恩斯指出，領袖與追隨者之間的關係，其本質是具有不同動機和權力的人，進行相互的影響，以尋求實現一個共同的目標。並且，伯恩斯旗幟鮮明地反對一種觀點，就是把追隨者看作被動的接受者。

伯恩斯指出，任何想要建立穩固領導的領袖，都必須重視自己與追隨者之間的關係，並且這種關係的發展和建立依賴於自己與追隨者之間的互動和連繫。因此，領袖必須千方百計地滿足追隨者的需求，不斷地結合自己的動機與追隨者的動機，並最大限度地開發不同的資源，以滿足目標的實現。

三、領袖的類型：交易型領袖與變革型領袖

伯恩斯認為，雖然領袖的具體形態多種多樣，但究其本質，領袖可以劃分為兩種類型：交易型領袖與變革型領袖。

(一) 交易型領袖

所謂交易型領袖，就是領袖積極運用自己手中已有的資源和權力與外界進行交易，以此獲取更多的資源，謀取更大的權力。伯恩斯指出，這種交易不僅發生在領袖之間，還廣泛地存在於領袖與追隨者之間。具體來說，交易型領袖有三種籌碼可以進行交易，分別是輿論、群體和機構。

第一個籌碼 —— 輿論交易

伯恩斯認為，在現代民主國家中，輿論已經成為一種重要的權力。誰能夠掌控輿論，誰就能夠運用輿論帶來的權力，並且這種權力來自追隨者，所以領袖需要不斷地引導、聯合追隨者，以及製造一定的輿論環境和輿論氛圍。更重要的是，領袖需要運用這種輿論來獲得更實際的好處，比如引導追隨者在選舉中為自己投票。此時，領袖實際上是在用自己擁有的輿論資源與政治系統做交易，因為誰能夠領導輿論，誰就能夠獲得一定的權力和地位。比如，掌握著眾多電視臺和廣播電臺的傳媒大亨魯柏·梅鐸（Rupert Murdoch），就是眾多政客的座上賓，他的地位就是他用掌握的輿論資源交易得來的。

第二個籌碼 —— 群體交易

人是社會性的動物，任何人都處在一定的社會關係中，並且這種社會關係最終會透過群體的形式表現出來，而領袖就是某個群體的掌控者。從

某種程度上來說,領袖掌控的群體也是領袖權力的一部分。同樣,這種群體的存在可以被當作交易的籌碼,領袖可以運用這些群體去交易更大的權力和更高的地位。

第三個籌碼 —— 機構交易

除了傳統的、原始的領袖之外,現代社會中還存在著大量的制度和規則,這種制度和規則會賦予某些人領袖的地位。而這種領袖就可以憑藉自己所掌握的機構和制度來進行交易,以謀取更大的利益,這種交易就是伯恩斯所說的「機構交易」。機構交易往往發生在領袖之間,一般與追隨者無關。機構交易往往牽扯到制度和組織的變化,所以機構交易常常以政策、立法的形式表現出來。

伯恩斯認為,英國的「光榮革命」就是一次典型的機構交易。「光榮革命」是西元 1688 年英國中產階級發動的一次革命,在革命的推動下,發表了限制王權的法律,建立了英國王室統而不治的基礎,奠基了英國政體。在光榮革命中,中產階級和封建貴族之間的衝突,是在一定的制度框架內展開的。二者在議會上爭奪席位,在討論中提出自己的主張,最終經由民主投票的方式通過了有利於中產階級的法案,極大地提升了中產階級的權力地位。這種交易是透過爭奪議會席位的形式來展開的,實質上就是中產階級把他們所掌握的多數議會席位作為一種籌碼,來與封建貴族討價還價。

總之,輿論、群體、機構都是交易的籌碼,交易型領袖的特點是善於運用各種籌碼進行交易,謀取更大的利益。伯恩斯還認為,在交易型領袖的眼中,交易的籌碼不限於輿論、群體和機構,其他的一切也都可以被作為交易的籌碼。總之,交易型領導者的特點就在於善於分析自身現有的條件,不斷與外界進行交易,最終提升自己的實力和地位。

（二）變革型領袖

顧名思義，變革型領袖指的是引導變革的領袖，領袖的領導地位和領導力完全來自於他引導的變革。不同於交易型領袖，變革型領袖往往與動盪的革命、激烈的改革密切相關。具體來說，變革型領袖主要用三個方法來維持自己的領袖地位。

第一個方法 —— 知識

古往今來，反映客觀規律的知識始終是一種極為稀缺的資源，誰能夠掌握更多的知識，誰就能夠掌握一定的解釋權，誰就擁有更多的權力。反過來說，一旦掌握權力之後，知識也會成為維護權力的必要成分。比如，中國古代的科舉制度就是這種邏輯的典型展現。知識更加完備、技藝更加精湛的學生，能夠經由科舉進入政治體制來謀取官職，從而獲取權力。同樣，皇帝也能夠透過科舉制度不斷吸收人才，達到天下英才為我所用的目的，從而鞏固和加強自己的統治。

第二個方法 —— 改革

掌握了豐富的知識以後，變革型領袖自然就擁有了遠見卓識，而這關係到改革的問題。所謂改革，就是指變革型領袖在一定的環境中領導組織展開變革，並在變革的過程中獲得更多的追隨者，擴大自己的領導範圍。對於變革型領袖來說，改革是一種鞏固領導地位的手段。

第三個方法 —— 革命

如果說改革關係到的是和平時期的領導問題，那麼革命關係到的就是動盪時期的領導問題。不同於改革，革命的手段更加激烈、結果更加殘酷。在這一時期，領袖面對的往往是你死我活的鬥爭。在革命中歷練出來的變革型領袖，往往能夠掌握極大的權力，享有空前的聲望。同時，變革

型領袖不能僅依靠革命來維持自己的領導和權威，還要綜合知識、改革等多個方面來進行有效的領導。因為革命是一種破壞力驚人的行動，存在著不可持續的風險。變革型領袖想要建構一個穩定的、可持續的統治秩序，就需要考量如何綜合知識、改革和革命這三個方面。

四、領袖的起源：心理與社會

領袖是如何產生的？一個普通人是如何成為領袖的？伯恩斯認為，領袖的起源並不神祕，而是有原因的，包括獨特的心理和社會兩個方面。那些把領袖看作天生的、不可捉摸的觀點是錯誤的，並且這些錯誤的觀點不僅無法有助於理解領袖，還會為領袖塗上神祕的色彩，造成更大的災難。

(一) 領袖產生的第一個原因 —— 心理

伯恩斯指出，每一個領袖的成長都或多或少地受到心理因素的影響，這種影響主要指的是領袖的性格和人格特質。比如聖雄甘地（Mahatma Gandhi）身上的忍耐、堅毅等特質，在他進行政治活動的時候發揮了很大作用。這些人格特質使甘地贏得了民眾的信賴和支持，最終民眾成為其堅定的追隨者，甘地也因此成為印度最傑出的領袖之一。這種心理因素又是受到什麼影響的呢？

伯恩斯認為，領袖小時候的家庭情況和生活環境，可能是決定領袖心理發展的重要因素。比如一些領袖的童年經歷，都有著驚人的相似性，他們都與父親關係緊張，與母親關係融洽。與母親關係親密可能更容易使人擁有同理心，從而使領袖能更加深刻地理解追隨者的所思所想，幫助領袖贏得民眾的愛戴和支持。也就是說，領袖的生活環境和家庭情況決定了領

袖獨特的心理特質，比如同理心、堅忍不拔的性格、百折不撓的毅力等，而這些心理特質能夠更好地幫助領袖在成長的過程中取得勝利。但是伯恩斯也提出，並非所有與父親關係緊張的孩子最終都成了領袖，這裡只是指出成功的領袖都具有類似的特徵而已。

(二) 領袖產生的第二個原因 —— 社會

　　除了心理因素之外，伯恩斯還非常強調社會因素。社會因素就是指圍繞著領袖成長所形成的一系列社會結構，包括社會階級、社會秩序、社會分層等。換句話說，社會因素就是生長的社會環境。領袖生活在一定的社會之中，而社會反過來又影響了領袖的認知和決策。比如一個人生活在以總統為最高領袖的社會之中，就決定這個人如果想要當領袖，他一定會選擇去競選總統。如果一個人在德國想要當領袖，他一定會選擇去競選德國總理的職位，而不是競選總統。因為不同的社會有著不同的共識，而這些共識共同影響了領袖的成長。

17
大師們的院長 —— 沃倫・本尼斯（*Warren Bennis*）

沃倫・本尼斯（1925～2014）是美國當代傑出的組織理論與領導理論大師，他擔任過四任美國總統及多家《財星》500強企業的顧問，被稱為「領導學大師們的院長」，被《金融時報》（*Financial Times*）讚譽為「使領導成為一門學科，為領導學建立學術規則的大師」。

本尼斯在教學、寫作、管理顧問等領域做出了巨大的貢獻，且著作頗豐，曾兩度獲得麥肯錫獎。他的代表作有《領導者》(*Leaders: Strategies for Taking Charge*)、《成為領導者》(*On Becoming a Leader*)、《七個天才團隊的故事》(*Organizing Genius: The Secrets of Creative Collaboration*)、《經營夢想》(*Managing the Dream: Reflections on Leadership and Change*)等。其中，《成為領導者》是本尼斯最有影響力的一部著作。

沃倫・本尼斯

17 大師們的院長—沃倫・本尼斯（Warren Bennis）

一、為什麼要寫這本書

　　1943 至 1947 年，本尼斯在美國陸軍部隊服役，服役的這四年可以說是本尼斯人生的轉捩點。1944 年，也就是服役的第二年，年僅 19 歲的本尼斯成了歐洲戰場上最年輕的步兵指揮官，這讓他的領導力得到了鍛鍊。也是從那時起，他開始對領導力進行思考和研究。他認為，只有徹底研究領導力，才能好好地度過那個動盪的年代。1947 年退役後，本尼斯至安蒂奧克學院和麻省理工學院學習經濟學、心理學和商學，並在 1995 年獲得麻省理工學院的博士學位，隨後留校任教了 12 年。

　　在麻省理工學院任教期間，他對領導力進行了深入的研究。他預言：未來的組織等級會更少、更民主。實際上，在本尼斯看來，光有理論是不夠的，一定要將理論付諸實踐。於是他辭去麻省理工學院的教職，到紐約州立大學水牛城分校擔任了四年的教務長，之後又在 1971 至 1978 年間擔任了辛辛納提大學的校長。1979 年以後，他去了南加州大學，擔任校聘教授，專門從事領導力研究，其間曾先後擔任四任美國總統和多家 500 強公司的顧問。

　　動盪的 1930 至 1940 年代激發了本尼斯對領導力的研究興趣，之後的幾十年，本尼斯把生命中的大部分時間都奉獻給了領導力研究，他把理論和實際結合，形成自己獨特的領導力思想與方法。本尼斯第一部關於「領導力」的著作是《領導者》，這本書討論的主題是「領導者是什麼人」。該書的出版，讓本尼斯成為領導力研究領域的權威人物。本尼斯第二部關於「領導力」的著作是《成為領導者》，該書討論的是方法論，也就是人們怎樣才能成為領導者、領導者要如何領導，以及組織是怎樣鼓勵或限制有潛力的領導者的。

169

正如本尼斯所言，在人們掌握領導力之前，必須要對這個陌生的新世界有所了解。《成為領導者》首次出版於 1989 年，紀念版於 2009 年出版。現在我們就來看看 2009 年之前的時代背景。

1990 年代，資訊科技逐漸發展，全球化趨勢加快，美國進入「新經濟」和創新創業時代，迫切需要領導者有更強大的領導力，以此來激發知識工作者的熱情與創造力。比爾·柯林頓（Bill Clinton）上臺後，政府開始大力發展高科技產業，使得美國經濟出現了長達十年的繁榮。然而，到了 2002 年前後，高科技泡沫破滅，新經濟崩潰。於是布希政府開始實施一連串的擴張性政策，然而卻由此導致美元開始貶值、美國房屋價格逐漸攀升、資產價格泡沫和房地產價格泡沫不斷滋生，最終引發 2008 年次貸危機。在次貸危機期間，美國股票市場崩潰了兩次，蒸發掉了數以兆美元的財富。

除此之外，「911 事件」的爆發，讓美國人覺得美國領導者再也無法帶給人們安全感了。美國的政治領導者以及商業領導者都讓人們感到失望，貪婪、膽怯與缺乏願景在一群偽領導者中蔓延。本尼斯在書中強調，在美國這個複雜多變、充滿挑戰的社會環境下，美國商界與政界都極度缺乏強而有力的領導者。基於這樣的時代背景，《成為領導者》這本書才付梓面世。

本尼斯指出，深處鉅變中的社會，卓越領導者的匱乏是社會面臨的主要威脅之一，而離開領導者，社會將無法運轉，這意味著社會需要能駕馭日趨複雜環境的卓越領導者。

二、研究視角：透過訪談對話的方式來歸納領導力的方法論

本尼斯認為，「領導力就像美，很難定義它，但當你看見它時，你就知道那就是美」，領導力不是天生的特質，而是持續一生的探索結果，更是一個人為達到圓滿完整而不斷修身的過程。本尼斯對領導者與管理者做出了明確的區分。他認為，管理者是把事情做對的人，而領導者是做對的事情的人。也就是說，管理者與領導者的區別就在於是向環境臣服還是駕馭環境。管理者的特點是照章管理、維持現狀、重視系統結構、著眼於短期目標、依賴控制、忍受現狀等。而領導者的特點與之相反，比如能創新、求發展、重視人、著眼於長遠目標、激發信任、挑戰現狀等。那麼，本尼斯又具體研究了有關領導者的哪些方面呢？

本尼斯採用的研究視角是深度訪談法，透過對數十位領導者進行深度訪談與研究，從中歸納出領導者具備的六個基本要素和七項重要特質。六個基本要素分別是：指引性的願景、熱情、正直誠實、信任、好奇心、勇氣。其中，本尼斯特別強調正直和誠實的重要性，因為正直和誠實是信任的基礎，而信任是領導力的基石。七項重要特質分別是：專業能力、概念能力、業績表現、人際能力、鑑賞力、決斷力、品格。其中，人際能力、鑑賞力、決斷力和品格是卓越領導者的核心軟技能。同時，本尼斯認為，在這個快速變化的世界，應變能力對領導者來說也十分重要。

需要指出的是，本尼斯對數十位領導者所進行的訪談式研究，不僅歸納了領導者的特質，還探索出領導力的方法論。

本尼斯的研究基於這樣一個前提：假設領導者是那些能夠充分表現自我的人，充分表現自我的關鍵是了解自我和外在的世界，而了解的關鍵是學會從自己的人生和經歷中學習。並且他們知道自己是什麼人、知道自己

的優點和缺點是什麼、知道該如何充分利用自己的優點去彌補自己的缺點、知道自己的目標是什麼、為什麼會有這樣的目標、怎樣去實現這些目標，以及如何透過有效地與他人溝通共同目標來贏得對方的合作與支持。

基於這樣的前提，本尼斯選定了現實世界中的領導者作為研究典範，而不是某種關於領導者的理論或某個虛擬環境中行使職責的領導者。他有意選擇了富有成就且多才多藝的領導人，如美國歷史上的總統、擔任執行長的作家、負責基金會的科學家，以及身為內閣成員的律師等，經由與領導人之間的訪談式對話，把每一位受訪者的故事按章節組織起來，最終形成了層次分明、條理清晰的領導力方法論。

三、核心問題：如何成為領導者

本尼斯認為，成為一個領導者的過程正是一個人健康、全面成長的過程。並且，永恆的領導者總是涉及良好的品格和真實的自我，因此本尼斯建議人們去發現和培養真實的自我，即身上最活躍、最能代表自己的部分，這就是一條成為領導者的可靠路徑。具體來說，要成為領導者有以下三個方法。

(一) 認識自我

也就是說，要清楚自己是什麼人以及想要成為什麼人。那麼，我們怎樣才能認識自我呢？本尼斯認為，要讓自己成為自己最好的老師，要終身學習、要主動學習新事物，並且要在社會經歷中學習。不僅如此，還要反思自己所看到的、讀到的和聽到的，進而形成真正的理解。因為真正的理解源自於對經驗的反思，只有真正理解了才能形成對自己準確的認識。此

外，學習和理解是自我引導的關鍵，領導者都是自我引導的，而不是由他人塑造的。

(二) 認識世界

要成為真正的領導者，認識世界和認識自己一樣重要，而認識世界的方式就是學習。學習分為維持性學習（維持現有的系統或既定的生活方式）、震撼性學習（危機帶來的衝擊激發或增強原始的學習）和創新性學習（適應變化萬千的未來社會所應具有的一種學習系統和形式），前兩種學習方式都是在接受傳統的智慧，很少有真正主動式學習的存在，絕大部分都是被動式的學習，因此算不上真正的學習。想要成為領導者就要進行創新性學習，要在經歷中學習，從逆境中學習。創新性學習要求我們，在生活和工作中要進行自我引導而不是受他人支配，這其實也是一種實現願景的方式。

(三) 相信直覺

聽從內心的聲音，相信直覺，這也是實現願景的方式之一。聽從內心的聲音就是要釋放自我、展現真我。因為展現自己比掩藏自己更有可能獲得大的回報。那麼，怎樣才能充分展現自己呢？本尼斯認為，我們要知道自己想要什麼，什麼是自己的驅動力，什麼能為自己帶來滿足感，知道自己的價值觀及組織的價值觀是什麼。在充分了解了自己之後，就要專注、精通於自己的業務，因為精通會產生策略思考，而策略思考會促使自我進行充分的表現。

把這些方法綜合起來就是成為領導者的方法。事實上，「領導」首先

是做人，然後才是做事，因為領導者所做的一切都展現了他是什麼樣的人。領導者要走出舒適圈，要勇於面對問題，要超越逆境。本尼斯認為，真正的領導者是在「逆境」當中成長起來的，「逆境」是鍛鍊領導者的「熔爐」。領導者進行的「逆境」歷練越多，駕馭新環境的能力就越強，適應未來的能力也就越強。那麼，領導者要如何領導人們迎接未來呢？本尼斯認為，領導者要團結一切可以團結的人，要贏得人心，因為贏得人心的這種能力，能夠促使組織文化產生必要的改變，最終實現願景。同時，共情能力、領導者的正直、言出必行、始終如一以及信任都是領導者贏得人心的重要因素。

四、核心思想：「自我造就」與「成為自己」

本尼斯認為，要成為領導者，必須牢記成為領導者的兩個核心思想，即「自我造就」與「成為自己」。

(一) 自我造就

本尼斯認為，真正的領導者其實是自己造就自己。但是這種造就並非是像微波爐加熱食物一樣的速成，也不是指參加領導培訓課程。因為培訓課程只能教授技巧，並不能教授品格和願景。接受訪談的領導者們都認為領導力不是天生的，更多的是靠他們自身的努力而非任何外在的途徑。

本尼斯以美國第 32 位總統富蘭克林‧羅斯福為例，來闡釋自我造就的重要性。羅斯福小時候膽小且心理脆弱，講話時雙腿顫抖、嘴唇顫動，還有哮喘的疾病，因此他經常被同伴嘲笑，但羅斯福並未因此失去勇氣，他把哮喘的聲音變成了一種堅定的嘶聲，用牙齒咬緊嘴唇而使它不顫抖，

17 大師們的院長——沃倫・本尼斯（Warren Bennis）

從而克服了膽小和恐懼，也就是這種奮鬥精神，使他成為美國總統。羅斯福這位領導者就是自我造就。

此外，本尼斯認為，「熔爐」造就領導者，強大的思想是在與困難的鬥爭中「鍛鍊」出來的，因為巨大的困難能夠催生偉大的特質。那麼「熔爐」指的是什麼呢？它又是如何造就領導者的呢？領導者們在接受訪問時，都提到了自己職業生涯中最傷痛、最刻骨銘心的意外經歷，正是這些經歷改變了他們，塑造了他們獨特的領導力。本尼斯把這種塑造領導力的經歷稱為「熔爐」。事實上，「熔爐」經歷是一種考驗，會促使領導者們進行深刻的自我反省：自己是怎樣的一個人？哪些東西對自己重要？這一段心路歷程也是他們重新審視自己的價值觀、訓練自己判斷力的過程。在經歷過這樣的考驗之後，他們開始變得更自信、更強大，人生的目的也更明確了，他們已經產生了根本的改變。這種改變就是自己造就自己的過程。

(二) 成為自己

本尼斯認為，成為領導者的本質就是成為自己。也就是說，成為領導者的過程就是讓自己成為更完整、更圓滿的人，成為能進行自我覺察並能激發他人潛能的人的過程。因此，問題的關鍵不在於要成為一個領導者，而在於要成為自己，要充分利用自己所有的技能、天賦和精力，來讓自己的願景得以展現。正如接受訪談的領導們所表達的那樣，沒有哪一個領導者原本就打算成為一個領導者，他們只是想充分且自由地表現自我、成為自我。換句話說，領導者沒有興趣向他人證明自己，他們始終關心的是表現自己。在整個人生中，他們都在不斷成長和發展自我，不斷培養自己的特質，從而成為更好的自己。

領導力提升

正如美國小說家亨利‧詹姆士（Henry James）在其隨筆和評論中寫到的那樣，亨利‧詹姆士一生都在告訴自己要放開自己，要利用自己累積的巨大資源更投入、充分地寫出更多的作品，以及做更多的事情，不能放棄、妥協，要去嘗試一切，實踐一切，去成為那個你能夠成為的自己。透過這種自我激勵的方式，詹姆士創作了大量的作品。

人才使用的核心

人才使用的核心

18

《企業的人性面》：最有效的管理方式

人際關係學派管理理論的奠基人
—— 道格拉斯・麥格雷戈（Douglas McGregor）

道格拉斯・麥格雷戈（1906～1964），美國社會心理學家、行為科學家，有史以來最具影響力的管理學思想家之一。麥格雷戈先後獲得美國韋恩州立大學學士學位和哈佛大學博士學位，是麻省理工學院史隆管理學院創始人之一、安提亞克學院院長、美國國家培訓所所長、美國國家心理協會會長以及政府和工業企業的顧問團成員之一。

麥格雷戈是1950年代末人類關係學派的核心人物，提出了基於人性假設的「Y理論」，是人際關係學派管理理論的奠基人。

《企業的人性面》（The Human Side of Enterprise）是麥格雷戈唯一的著作，彼得・杜拉克、湯姆・彼得斯（Tom Peters）以及美國著名管理學家、領導力大師沃倫・本尼斯都深受這本書的影響，該書被認為是學者的理論標準、從業人員的行動手冊。

道格拉斯・麥格雷戈

一、為什麼要寫這本書

麥格雷戈在書中開門見山地提出了一個問題 —— 最有效的管理方式是什麼？這個問題看似簡單，卻足以在管理界掀起一場根本性的變革。隨著全球經濟的發展、知識型工作的增加，這一個簡單而深刻的問題更是產生了比以往還要強烈的影響。《企業的人性面》就是在這樣的背景下創作出來的。

在麥格雷戈之前，企業界普遍流行的是「X 理論」，即通常認為人是懶惰的，總會選擇逃避責任。因此，企業必須以獲得利潤為出發點，透過獎懲、嚴格的管理制度、權威、嚴密的控制系統等一系列管理手段，來實現企業利潤的最大化。

與此相對的，麥格雷戈在書中提出了著名的「Y 理論」，認為人有成就自我的需求，所以只要能有效引導和激發員工的這種需求，他們就會積極進取，不僅能夠承擔責任，甚至能勇於接受具有挑戰性的新任務。企業要用信任取代監督，以啟發與誘導代替命令與服從。因此，應當重視人的基本特質和基本需求，把人安排到具有吸引力和富有意義的工作職位，鼓勵人們參與自身目標和組織目標的制定，把責任最大限度地交給員工。麥格雷戈認為，這本書不僅有管理的觀點，更有改造世界、讓世界變得更加美好的深刻理念。

二、管理理論假設：管理工作依賴於理論

麥格雷戈認為，所有的管理工作都要依賴理論，所有的管理行為都源自於對人性與人性行為的假設和歸納。

人才使用的核心

麥格雷戈認為,管理者採用命令、懲罰等手段,依靠權威來影響和控制,使下屬聽令於自己,這種傳統的管理方式有很大的局限性,因為其背後依靠的假設是早期流行的「X 理論」,該理論非常片面。

(一)「X 理論」的內涵及其局限性

「X 理論」基於「經濟人」的人性假設,使得傳統的「恩威並濟」的管理模式在美國流行開來,從根本上影響了美國企業的管理策略。「X 理論」包括四個層面的內涵。

- 一是員工都對工作有與生俱來的厭惡,因此只要有可能,他們便會逃避工作。
- 二是由於員工不喜歡工作,管理者必須採取強制措施或懲罰辦法,迫使他們為了實現組織目標而努力。
- 三是員工都希望逃避責任,都喜歡安於現狀。
- 四是大多數員工喜歡安逸,沒有雄心壯志。

也就是說,「X 理論」從根本上認為「大眾是平庸的」,它可以解釋企業中部分人的部分行為,卻不能解釋企業中所有人的全部行為。人是充滿欲望的動物,每當一種需求獲得滿足時,另一種需求就會緊接著出現。人類的需求按照重要程度劃分,可以形成不同的層次。已滿足的需求並不具有激勵行為的作用。當生理需求獲得滿足之後,下一層次的需求就會變成行為的主宰,承擔起激勵行為的作用。

比如,當人的安全需求得到滿足以後,社會需求將成為人類行為的重要激勵因素。在社會需求的層次之上,是尊重需求和名譽需求,這種需求只有在其他低層次的需求得到滿足之後才可能受到激發,對管理者來說,

這是最為重要的需求。「X 理論」缺少對這些高層次需求的考量。對此，麥格雷戈做出了修正，提出了「Y 理論」。

(二)「Y 理論」：個人與組織目標的一體化

麥格雷戈提出的「Y 理論」有六個假設。

(1) 通常人們會認為，工作對於體力與智力的消耗是再正常不過的事情；一般人並非天生的厭惡工作；工作到底是滿足的來源（也就是人們會主動表現），還是懲罰的來源（也就是人們會主動避免），完全是可以人為控制的。

(2) 通常人們會為了兌現自己承諾過的目標而堅持自我指揮和自我控制；要促使人朝著組織目標前進，外在的控制及懲罰的威脅並非唯一的手段。

(3) 一般情況下，人會對目標做出承諾，是因為實現目標之後就能獲得相應的獎賞，而最重要的獎賞方式是尊重需求和自我實現需求的滿足，這些獎賞可以驅使人們朝著組織的目標而努力。

(4) 在合適的條件下，人不但能學會承擔責任，還會爭取責任。常見的逃避責任、胸無大志、貪圖保障等行為是後天形成的，並非先天本性。

(5) 大多數人能以高度的想像力、智力、創造力來解決組織中的各種問題。

(6) 在大多數組織中，只有一部分人的潛能得到了開發，大部分人的潛能還在沉睡。

與「X 理論」相比，這些假設是動態的，而不是靜態的，它們指出了人具有成長與發展的可能，同時強調「選擇性適應」，反對單純地依賴固

有的控制方法。這些假設的構成基礎並不是員工的共同特性，而是員工具有的潛力資源。在組織中，對人們互相合作的限制並非來自人類本性，而是源於管理方法的不當，即管理者不知道該如何充分利用人力資源的潛力。「X 理論」認為，組織績效低下的原因是人類本性；「Y 理論」則將問題歸於管理本身，管理者沒有採取適當的組織與控制方法，這才造成員工表現懶散、態度冷漠、逃避責任、拒絕合作、缺乏創新。

(三)「Y 理論」的整合原則

根據「Y 理論」，可以衍生出一條基本的組織原則：整合原則。該原則是指管理要創造條件，幫助組織成員達成自身的目標，同時努力追求組織的成功。大家共同為企業的成功而努力，並共同分享成功的果實。該原則強調組織目標與個人目標的整合以及自我控制。接受整合與自我控制的理念，也就是同意滿足員工的目標和需求，如果企業能夠透過行之有效的方式做出這些調整，那麼企業經濟目標的實現將會更有效率。

應用整合原則，企業可以尋找最理想的「整合程度」，使員工在為組織效力的同時也能實現自身的目標。這裡最理想的程度，是指員工實現自身目標的最佳途徑是為組織效力，自主發展和運用自身的能力、知識、技能和天賦，為企業的成功做出貢獻。

三、「Y 理論」的應用：整合原則在管理實務中的六部曲

麥格雷戈從整合管理、績效考核、薪酬管理與升遷管理、員工參與、管理氛圍、行政職能與業務職能之間的關係等六個方面，詳細闡述如何應用「Y 理論」。

（一）整合管理

麥格雷戈認為管理者應與員工展開互動性的對話，引導員工自主制定並完成目標。這種以「Y理論」為基礎的管理策略就被稱為「整合管理」。具體來說，整合管理分為四個步驟：一是確立工作職責；二是在有限的時間內確定具體的目標；二是制定目標期間內的管理流程；四是評估任務完成的結果。

整合管理的關鍵在於，員工在每個步驟上都不是直接執行管理者的命令，而是經由互動性對話的方式進行，以此來確保員工對每一個步驟負責。凡是以「Y理論」為基礎的管理計畫，其制定目標的過程一定具備上、下級相互參與的機制。在討論目標時，管理者應該扮演協助的角色，而不是使用權威，因為管理者的作用在於協助員工規劃自己的工作，以使組織目標及個人目標能夠同時實現。

（二）績效考核

績效考核通常有行政管理、提供資訊和激勵三個目的。傳統的績效考核邏輯是：為了使員工為組織的目標效力，管理者必須告訴員工應該做什麼，同時衡量員工的表現，並根據他們的表現給予相應的獎勵與懲罰。傳統的績效考核的理論基礎是「X理論」，核心在於更加系統地控制員工的行為，同時也控制管理者的行為，這種績效考核容易導致員工和管理者的負面牴觸情緒。麥格雷戈認為，結合「Y理論」對績效考核制度進行改進，利用理論中的整合原則與自我控制的管理策略，會消除考核制度在公司管理過程中的負面影響，也更有益於員工個人的成長、學習與進步。

（三）薪酬管理與升遷管理

「X 理論」將金錢視為激勵組織中人類行為的主要因素。勞動合約其實只是以接受指揮的形式來換取經濟報酬的意向書，這自然使得員工對企業產生依賴。但隨著就業機會的相對充分、生活水準的提高以及社會環境的變化，員工對組織的依賴度會降低。此外，麥格雷戈認為，只有少數人的薪酬可以進行衡量，而且這些人的業績一般可以直接與客觀的工作結果連繫在一起，比如對於地區分公司總經理來說，分公司的盈虧情況就可以用來衡量他的工作績效。

同時，麥格雷戈還認為，透過系統化的方法可以合理地解決經濟報酬的公平問題，如薪酬市場調查、生活成本、「不低於平均水準」的薪酬政策、合理設計職位分類計畫、集體與個人談判等。他建議，可以將「服務時間」作為薪酬增加的依據；可以按照公司、部門、小組取得的客觀績效提供獎勵，並且獎勵由部門的全體員工共享。

麥格雷戈還提出，在整合原則下，企業應改變人事升遷中候選人與操作流程的關係，讓員工個人積極地、有責任地參與其中，而非僅依靠管理者的個人判斷。提倡的做法主要有三點：

- 首先，應該從對目標設定的討論開始，討論的內容包括個人的職業興趣、職位所需要的經驗和培訓經歷、相關發展機會、任職年限等。
- 其次，允許員工自行應徵空缺職位。個人可以決定自己的職業發展，而不是任人擺布的「棋子」。
- 最後，從整合原則及自我控制管理的角度來看，在人事升遷的過程中，上級與下級都有權提供升遷管理所需的資料。如果上級的判斷與

下級自我考核的結果出入很大，那麼雙方可以再進行討論，直到消除差異為止。

(四) 員工參與

麥格雷戈認為，管理者應該正確理解員工參與問題。員工參與的有效運用應基於這樣的管理理念：對員工的潛力充滿信心，能認清上級對下級的依存性，盡量避免因強調個人權威而產生不良的後果。從根本上來說，所謂參與，即創造機會，使員工在適當條件下對可能影響其自身的決策施加一定的影響力。事實上，參與是一種特殊的授權方式，即員工對自己的責任享有更大的控制權和自由選擇權。通常在原本屬於上級的責任範圍內，可以允許員工施加一部分影響力。參與不是操縱工具或者威脅手段，而是在正確理解的基礎上對其進行合理的應用，它也將成為一種自然地應用整合原則和自我控制的管理方式。

員工參與還應有合適的程度。最佳的參與程度要視多個因素而定，包括問題的性質、員工的態度和經驗、管理者的能力等。管理者在採取參與方式之前，應當先檢驗自己的實施策略及理由。

如果員工還不習慣參與影響自身的決策，那麼管理者大可不必第一次就將重大問題在員工面前提出，或者任憑員工自由選擇，而是應該謹慎地向員工表明自己將在怎樣的限度內汲取意見。

對於員工來說，可以透過「參與」的方式來滿足自身被尊重的需求，同時也會讓他們有了向組織目標努力的行為動機。員工經由處理問題、尋找正確的解決方案，對解決組織問題所做出的貢獻會受到同行和管理者的賞識，從而使其獲得自我滿足及「獨立感」。

（五）管理氛圍

管理氛圍是一種透過觀察管理者日常行為而得出的產物，主要與組織管理中上級及其他重要人物的日常行為有關。管理氛圍反映了管理者潛在的人性假設，包括三個層面的含義。

1. 關係氛圍

由管理態度所表現出來的許多細節性的行為，形成了心理學上所謂的關係氛圍。管理氛圍遠比管理類型及管理者的人格類型更有意義，不論上級是獨裁的還是民主的，是熱情的還是冷淡的，是隨和的還是強硬的，這些都不重要，重要的是管理者深層次的態度，因為深層次的態度才是下屬能真切感受到的東西。

2. 員工有獲得公平機會的信心

管理者的行為和態度影響著員工的生產力和士氣。對員工福利的真心關懷與員工的士氣和生產力之間存在著直接的關聯，但這種關懷只是促進員工士氣和生產力提高的必要條件，而不是充分條件。管理者必須對組織高層具有一定的影響力，這一點十分重要。因為僅在心裡賞識員工是不夠的，身為管理者對員工的欣賞還應該展現在行動上。如果管理者不能對員工的薪酬增加、職務晉升或工作環境改善等方面表現出自己的力量，則不論態度如何，都難以得到員工的信任。管理者還需要具備一定的才幹，否則很難讓員工相信自己能夠獲得公平的機會。

3. 自上而下的信任

管理者要相信大部分人都有成長和發展的潛力和樂於承擔的責任，並能發揮出自己的創造力。管理者將員工視為真正的資產，認為這些員工能

夠協助自己承擔責任。同時，管理者只會關心如何創造出合適的環境，以使自己能充分利用人力資源。管理者還會透過參與的方式，證明自己對員工的信任，而管理者對員工的信任也是員工有效執行參與的條件。

(六) 行政職能與業務職能之間的關係

行政職能與業務職能相互依存。傳統的組織理論認為，行政職能和業務職能之間的關係是以「權威原則」為基礎的。業務職能位於中央指揮鏈上，行政職能則是為業務職能提供服務和諮詢。很多企業的行政職能和業務職能之間並不是相互信任的，其關係氛圍也不佳。業務部門會將行政部門看成「負擔」，而不是獲取幫助的來源。而行政部門對業務部門也有偏見，認為業務部門只關心自己的權威性和獨立性，不尊重行政部門的專業知識和工作成就，拒絕改變和進步。

要改善這種不良氛圍，麥格雷戈認為，行政部門應該以乙方的心態，按照業務部門的需求來提供專業上的幫助，其工作方式和內容需要由業務部門的需求來決定。整體而言，業務部門的管理者可以在保持控制的同時，採取授權的管理方式；而組織的管理者可以利用包括會計、人事、技術等在內的行政部門人員，建立起管理控制的制度，只關心政策和成果即可，協調政策的工作則交由行政部門完成。

人才使用的核心

四、如何提高管理效能

麥格雷戈認為，提高組織管理效能有二個重要的方面。

(一) 提升員工的領導力

麥格雷戈認為，領導力是一種關係，是相互關聯的四個因素共同作用的結果，這四個因素包括：

- 管理者的特質。
- 被管理者的特質、需求及人格特質。
- 組織的特性，如目標、結構、執行的任務屬性等。
- 社會、經濟及政治環境。

這些因素將隨著時間的推移產生巨大的變化，不存在普遍的領導力特性。換句話說，具有不同個性和能力的人都可以發展管理能力。

如何發展管理能力呢？主要有兩種方法：製造的方法和農業栽培的方法。

- 製造的方法是指人們被指派完成專案工程的設計和製造任務，最終目的在於為管理提供所需。
- 農業栽培的方法，是指只要為個人創造出適當的環境，個人就將成長為他可以成為的樣子。這種方法不強調「製造技術」而看重氣候控制、土壤肥性及耕種方法等環境因素。

影響管理能力成長的環境條件主要包括二個方面：一是企業的經濟與科技特性；二是公司結構、政策及實務的影響；三是直接上級的行為。

通常來說，組織中應該設有管理發展部門，負責管理能力的發展。如果管理發展部門以「Y 理論」的假設為基礎，協助公司高層管理者制定策略計畫，就會關心組織環境，讓公司的管理階層理解各項政策和實務對於員工成長的重要性，以及如何才能使公司的組織結構、政策和日常行為更妥善地促進員工管理才能的發展。這個部門的另一項職能是為各階層管理者提供建議和幫助，使其能圓滿完成幫助員工能力提升的任務，使企業的高效營運與管理能力的發展整合成統一的活動。

(二) 重視管理教育

麥格雷戈認為，管理教育的目的，一方面是提高管理者從經驗中學習的能力，另一方面是幫助管理者提高協助員工的能力，也就是幫助管理者創造出有利於員工成長的環境，其中，優秀的組織團隊也是一項重要的環境因素。

需要強調的一點是，進行知識培訓、操作技能、解決問題技能和社交技能等方面的管理教育也應重視整合原則，要充分考慮管理者的個人需求、學習意願、以往經驗與組織需求之間的整合。

(三) 培養優秀的管理團隊

麥格雷戈提出了優秀的管理團隊的特徵以及多數團隊不能成為優秀團隊的原因。

優秀的管理團隊通常具有的特徵包括有明確的目標導向、舒適且放鬆的工作環境和氛圍、成員互信且團結一致、言論自由、執行力強等。這些特徵目前是管理學的共識，其實，更多人關心的是，為什麼多數團隊不能

成為優秀團隊。麥格雷戈歸納了五個常見的原因。

- 一是大多數人對團隊完成任務的能力不抱太大的希望，並且對於真正的高效團隊了解得十分有限，不清楚優秀團隊的工作標準。
- 二是大多數人並不清楚有效團隊中什麼功能是最重要的。
- 三是源於人們對摩擦和對抗的畏懼，並由此導致人們的所作所為對解決團隊的問題沒有益處，反而進一步產生了對團隊的阻礙作用。
- 四是很多人認為團隊效能的大小取決於管理者，過度依賴管理者本身的能力。
- 五是人們對團隊的維護功能沒有一個充分的理解，不能充分發揮團隊應有的作用。

麥格雷戈認為，造成這些問題的根本原因是人們持有「X理論」觀點，管理者並未意識到現代工業所具有的複雜依存性，熱衷於追逐個人權力，導致團隊效率低下。如果管理者從「Y理論」出發並合理利用整合原則，就會重視創造良好的組織環境和優秀團隊，啟用擁有的人力資源，進而打造強而有力的團隊，高效達成組織目標。

《組織與管理》：理解人性管理

系統組織理論的創始人 ——
切斯特・巴納德（Chester Barnard）

切斯特・巴納德（西元 1886～1962）出生於美國的麻薩諸塞州。巴納德生活在一個中產階級家庭，從小就養成了用哲學方法思考問題的習慣。1906 至 1909 年，巴納德就讀於哈佛大學經濟學系，但因缺少實驗學科的學分而未能獲得學士學位。有趣的是，後來他因為對組織和管理方面的研究而獲得了 7 個名譽博士學位。在完成學業之後，巴納德將自己的精力投入到企業管理工作中。巴納德於

切斯特・歐文・巴納德

1909 年進入美國電話電報公司，1927 年開始擔任紐澤西州貝爾電話公司總經理，直到 1952 年退休。

在貝爾公司工作期間，即 1938 年，巴納德的代表作《經理人員的職能》（The Functions of the Executive）問世，該書後來被奉為管理學的經典著作。1948 年，巴納德在之前的研究成果和後續管理實務的基礎上，寫成了《組織與管理》（Organization and Management），為現代管理學的建立和發展做出了重要貢獻。

人才使用的核心

一、為什麼要寫這本書

假如有一個城市的工廠發生了大規模的罷工，工人們紛紛走上街頭，遊行示威，城市的公共交通因此陷入癱瘓，供水、供電都變得極不穩定，整個城市都籠罩在焦躁不安的氛圍之中。經過一段時間，工人們提出三個訴求，分別是提高薪資補貼、改善生活環境、提升社會地位。如果你是這個城市的市長，你會怎麼化解這場危機？你如何來安撫憤怒的工人和焦躁不安的圍觀人群？你會採取怎樣的措施來避免發生更大規模的衝突？這是一個非常複雜的問題，它考驗著管理者的耐心和智慧。實際上，這個故事的主角不是別人，正是《組織與管理》的作者切斯特·巴納德。

巴納德曾經擔任處理美國紐澤西州特倫頓市失業者騷亂的政府首席談判代表，他運用高超的談判技巧和管理智慧，巧妙地化解了這場危機，最終平息了騷亂，讓政府和罷工者都得到了滿意的結果。騷亂事件之後，切斯特·歐文·巴納德將他的工作經歷與長久以來的管理實務進行了統整和歸納，最終在1948年寫下了這本《組織與管理》。他從自己的管理經驗出發，統整歸納了與管理有關的不同概念，全面而系統地介紹了與組織管理有關的知識，為後續的管理學研究建構了基本的前提假設和分析邏輯。

二、個體與管理：個體優先、組織動機和集體行動

如何理解管理和人性之間的關係呢？在回答這個問題之前，巴納德首先對傳統的組織管理觀點展開了辛辣的批判。

巴納德認為，儘管政客在選舉中不厭其煩地強調每個人的個性和獨一無二性，但是在經濟發展和其他領域中，每個人的個性實際上都在被逐漸模糊。人變成了一種生產需要的基本原料，每一個員工就像螺絲釘那樣被

緊緊地束縛在龐大的生產機器中。管理者並不關心員工的喜怒哀樂，他們只關心效率。他們心中最理想的員工應該是沒有感情的，只會不知疲倦地工作。

巴納德指出，傳統的組織管理就建立在這一個殘酷的前提之上。對於傳統的組織管理而言，其目的就是壓制、禁錮人的個性和感情，將人訓練成一種生產需要的原料。它關注的是如何使整個組織高效生產和協調運作，而不是使每一個員工都感到滿足和幸福。巴納德認為，傳統的組織管理需要一場變革，其研究重點需要從組織層面向下到組織成員層面。管理者應該更加關注員工的身心健康，在最大程度上激發員工的積極性，並在此基礎上建立起和諧的生產秩序，最終提高組織的績效。基於這種觀念，巴納德對管理中如何關注個體提出了三個建議。

第一個建議：秉持個體優先。

所謂個體，就是指組織中參與工作和管理的每一個員工。而所謂個體優先，就是指要求組織關注員工的工作能力、工作狀態和心理健康。組織發展的標準應該是個體發展的最大化，而不是對經濟利益的考量。巴納德認為，組織應該秉持個體優先的原因主要有兩個。

- 第一，秉持個體優先可以彌合集體利益與個體利益的分歧。巴納德指出，傳統的管理觀念認為集體利益和個體利益是相互衝突的，管理者往往要求員工為集體做出犧牲，這種觀念嚴重地損害了管理者與員工之間的關係。巴納德認為，集體利益和個體利益在很多方面是一致的，個體的發展往往只會對集體有益無害。因此，管理者要把關注重點放在個體的需求和利益方面，站在個體的位置去思考，先滿足個體利益，再來思考集體利益。

人才使用的核心

◉ 第二，秉持個體優先可以保持高效。巴納德指出，員工的工作效率取決於很多方面，工作環境、家庭環境、婚姻狀況、興趣愛好都會影響到員工的心理狀態，而這種心理狀態又會直接影響員工的工作狀態。這時候管理者要做的就是以員工為優先，關心員工的喜怒哀樂，理解員工的處境，根據具體情況來調整管理的風格和方式。

第二個建議：組織動機變革。

所謂組織動機，就是指組織進行活動的動力來源。比如企業的動力來源就是盈利。傳統的組織管理觀念認為，企業的組織動機就是完全的盈利。但是在巴納德看來，這種對組織動機的單一理解，可能會導致組織內部關係的惡化和組織效率不斷降低。比如一個一味追求盈利的企業可能會忽視緊張的員工關係。

在巴納德看來，人們對於組織動機的基本觀念需要變革，人們應該在組織動機中更加關注員工福利、組織環境等方面。比如，政府機關的公務員，他們的薪資普遍比企業部門的員工低，但是公務員的忠誠程度卻比企業部門的人高很多。公務員幾乎不會跳槽，而企業員工往往會頻繁跳槽。巴納德認為這是由於公共部門的組織動機更加多元，員工在這種組織中能夠感受到組織的關注和支持，從而能更加穩定地投入工作。

第三個建議：關注集體行動。

集體行動就是指組織中的員工為了表達某種意願或達成某種目的，會採取聯合行動。比如舉行聯合罷工、組成工會、要求談判等。巴納德認為，管理者需要高度關注集體行動，其原因主要有兩點。

◉ 第一，集體行動會破壞團隊關係。無論集體行動的目的如何，只要某個組織中出現集體行動，就意味著團隊內部出現了爭議和對抗。無論

最後的結果如何，這種爭議和對抗最終會讓團隊的關係出現裂痕，從而加劇了下次出現對抗的可能。

- 第二，集體行動會浪費人力資源。毫無疑問，團隊內部出現集體行動，一定意味著其他的一部分工作任務被放棄了，這無疑是一種人力資源的浪費。巴納德認為，管理者要在日常的管理中重視合作心態的培養，給予勞動者更高的地位，承認個體和組織之間的休戚與共，最大限度地遏制集體行動的出現。

三、領導者與管理：領導行為、積極特質和外部環境

在巴納德的眼中，領導者應該如何去做呢？所謂領導者，就是指在有組織的活動中引導人們或指導人們活動的人。在組織管理中，一個卓越的領導者應該具備怎樣的特質呢？巴納德對此提出了三方面的內容，分別是卓有成效的領導行為、積極的領導特質和良好地適應外部環境。

(一) 一個卓越的領導者應該具有卓有成效的領導行為

領導行為就是指領導者在組織中工作時產生的行為。巴納德認為，卓有成效的領導行為往往可以被分為四個部分。

1. 確定目標

一個卓越的領導者首先考慮的就是他的組織目標。組織目標可以告訴團隊要做什麼、不要做什麼、朝什麼方向前進、什麼時候停下來。巴納德認為，卓越的領導者就像一個交響樂團的指揮。樂團的指揮本身受外部環境曲譜的約束，而領導的行為也總要受到組織目標的約束；樂團的指揮並不發出任何聲音，他要做的就是傾聽不同的聲音，並引導不同的樂器在合

人才使用的核心

適的時候發聲，而領導者也是一樣，領導者並不從事生產性的工作，他所做的就是傾聽下屬的意見並不斷協調他們的行為。

2. 運用手段

運用手段指的是實現目標的手段和工具。事實上，在領導者確定的目標和實際結果之間存在著巨大的空間，領導者需要運用一定的手段來達成目標。比如工廠的領導者要求今年的產量增加50%，接下來要確定的就是如何達到增產50%的目標，是增加人手，還是擴建廠房？不同的領導者，會做出不同的決定。巴納德指出，隨著技術和專業化分工的發展，運用手段所需要掌握的知識開始變得日益複雜。領導者可能無法有效地了解某種手段的真實效果，只能依靠意見和建議。比如隨著市場的變化，領導者已經很難依靠自己的直覺來做出判斷，各種商業諮詢公司便應運而生，諮詢公司的工作任務就是為領導者提供諮詢建議。

3. 行動的方式

巴納德認為，組織的活動方式是非常重要的，因為組織的活動方式可能影響組織的建構。比如一個組織經常開會討論問題，那麼這個組織就更有可能形成民主的領導方式和處事原則。如果一個組織常常透過小團體的協商來決定組織的發展，那麼這個組織就更有可能形成派系鬥爭的組織氛圍。巴納德指出，領導者需要做的就是引導組織的行動方式，朝向有利於實現組織目標的方向發展。

4. 激勵合作行動

一個組織的內部離不開協調合作。領導者要做的就是激勵組織內部的合作，維持組織的團結，幫助組織達成目標。為此，領導者可以採取多種方式，包括物質許諾、人格魅力等。

整體而言，巴納德認為，要使領導行為卓有成效，領導者必須確定目標、靈活運用手段、控制行動方式、激勵合作行動。

(二) 一個卓越的領導者應該具備積極的特質

巴納德認為，領導者既是外部環境造就的，也是自身具備的素養和性格所造就的。不同的卓越領導者往往具有不同的領導方式，但是他們身上總是表現出一些共同的特質，巴納德歸納了三點。

1. 活力

巴納德認為，活力是一個非常廣泛的概念，包括旺盛的精力、良好的敏捷度、高度的警惕性等方面。一個優秀的領導者往往是充滿活力的，比如英國首相邱吉爾、美國總統羅斯福在演講的時候，所展現出來的活力往往令觀眾印象深刻，從而加強了他們的領導地位。

2. 決斷力

決斷力就是指做決策的意願和能力。領導者需要在關鍵的時候做出決策，如果性格優柔寡斷或者猶豫不決，領導者的地位和權威就會遭到削弱。

3. 責任感

巴納德認為，在特定的具體情境下，某個人因為沒有做出他覺得在道義上應該做的事情，或者做了他認為在道義上不應該做的事情，會感到強烈的不滿足。

整體而言，巴納德認為一個領導者應該充滿活力、能夠做出正確的決斷，同時還要充滿責任感。

(三) 一個卓越的領導者應該很好地適應外部環境

所有組織都處在一定的環境之中，相對地，環境也影響著組織的執行和發展。巴納德把組織的外部環境分為穩定的外部環境和不穩定的外部環境兩種。

1. 穩定的外部環境

穩定的外部環境意味著組織沒有發生什麼變化或者遭遇什麼重大威脅，只是穩定地發展著，這種外部環境會影響組織中領導者的思考方式和決斷行為。這時，領導者可能是十分冷靜地、深思熟慮地做出決定。領導者不會貿然提出行動方案，而是在不斷的分析和判斷中尋找共識。

2. 不穩定的外部環境

不穩定的外部環境意味著組織往往處於一種涉及重要利益、關係到組織存亡的重要時刻。這時，領導者必須具有相當的勇氣，要當機立斷、大膽行動，直接決定才是危機時刻的必然選擇。當然，這時的領導者不再依靠理性判斷來做出決策，更多的是靠直覺來做出判斷。

巴納德指出，這兩種情況都顯得有些極端，現實生活中的外部環境是處於這兩者之間的「中間地帶」。領導者要做的，就是最大限度地適應各種不同的外部條件。

四、民主程序與管理：
有效行動與政治因素、領導力與管理地位和責任分散

民主可能是現代人最熟悉的政治名詞，民主程序包括很多前提，比如言論自由、全體投票、普遍選舉等。但就其本質而言，民主程序的核心仍然是透過投票來做決策。巴納德認為，一個組織應該採用民主程序來對組織中的問題作出決策，因為民主程序可以為政策賦予合法性，幫助政策有效地推行下去。但是在此之上，巴納德經過進一步的研究，發現在組織管理中運用民主程序存在著固有的困境和缺陷，主要在於有效行動與政治因素、領導力與管理地位、責任分散三個方面。

(一) 有效行動與政治因素的困境

有效行動是指如果一個組織能夠透過某種行動來實現組織目標，那麼這種行動就是有效行動。假如一個組織能夠調集組織內部的各種力量，組成臨時團隊應對可能的風險挑戰，那麼這個組織的有效行動能力就很強。政治因素是指組織透過民主程序表達出來的意願和態度，比如組織內部對於加班的態度就是一個典型的政治因素。巴納德指出，獨裁組織的有效行動能力很強，因為獨裁組織完全依賴領導者的命令和指揮，組織資源可以圍繞領導者設定的目標進行投入。而民主組織的有效行動能力可能會較低，因為民主組織必須透過妥協和對話的形式來達成共識，從而推動組織針對具體目標投入資源。

巴納德認為，領導者在民主組織中可能面臨著一個「三難選擇」的窘境。所謂「三難」，就是指領導者提出的行動方案必須同時適應三種外部條件，即必須適應外部環境、內部環境、抽象的政治因素。就像美國總統的

人才使用的核心

工作一樣，總統必須回應外部的國際競爭挑戰，也必須回應內部的選民要求，還要在這個過程中兼顧種族主義、女權主義等政治議題。巴納德指出，由於摻雜了政治因素，本來簡單的合作行動變得複雜了。比如兩個員工的工作能力差不多，一個是黑人，另一個是白人。如果必須開除其中的一個，那麼很有可能是白人被開除，因為開除黑人可能會被扣上種族歧視的帽子。這就是巴納德說的政治因素的困境。

（二）領導力與管理地位的困境

組織的有效領導一方面取決於組織是否具有相應素養的領導者；另一方面取決於職位系統的情況，即是否在不同的職位安排了合適的人。也就是說，組織中的有效領導取決於領導者和組織職位之間的相互適應。比如，一個領導者具有很高的領導才能，但是只能在基層任職，這時領導者與組織職位之間就出現了不適應的情況。

巴納德指出，在民主組織之中，領導者與組織職位之間存在著衝突與矛盾，這主要展現在兩個方面。

- 第一，穩定關係。在任何情況下，組織的職位應該保持長期穩定。但是在民主組織中，組織的管理地位可能會發生週期性的變化，這種變化可能導致領導者無所適從，危害組織的穩定和發展。由於民主程序的存在，這種困境幾乎無法避免。
- 第二，政治能力。毫無疑問，民主程序的存在會加強領導者對政治因素的考慮，但問題在於，民主程序往往很難真實地評定出領導者的政治能力，領導者可以運用演講、電視節目等手段來宣揚自己的理念，等到掌權之後卻換上了另外一副面孔。

(三) 責任分散的困境

　　巴納德認為，民主程序透過投票的方式，將責任分散給全體選民，要求選舉出來的領導人執行民眾所要求的政策。有時候，領導者會因為上一任的錯誤而受到公開的譴責。反之，領導者也可能因為別人的優點而受到讚揚。

　　巴納德指出，這種領導者責任的模糊不清，可能導致民眾無法清楚地了解到領導者的工作和成績，進而導致領導者的工作受挫，領導者與民眾之間產生不信任，這種不信任反過來又會加劇民眾對領導者的偏見，最終形成一種惡性循環。最壞的結果就是組織面臨的問題進一步增多，能解決問題的領導者卻越來越少，領導者的權威開始集中，組織開始走向專制和獨裁，民主程序遭到破壞。

人才使用的核心

20
《現代人力資源管理》：選育用留

國際著名人力資源管理專家 —— 蓋瑞‧德斯勒（Gary Dessler）

蓋瑞‧德斯勒，國際著名人力資源管理和組織管理專家。同時，他還是美國佛羅里達國際大學工商管理學院的教授，長期致力於人力資源管理和組織管理領域的研究。

《現代人力資源管理》（*Human Resource Management*）是德斯勒的代表作，這本書自 1978 年首次出版以來，就持續受到國際管理教育界的關注，成為全球暢銷書。

蓋瑞‧德斯勒

一、為什麼要寫這本書

　　眾所周知，管理包括五種職能，分別是計劃、組織、人事、領導和控制。人事作為管理職能之一，即人力資源管理，是德斯勒在這本書中討論的主要內容。德斯勒認為，人力資源管理既是一個選取、培訓、評價員工以及向員工支付薪酬的過程，也是一個關注勞資、健康和安全以及公平等問題解決的過程。也就是說，人力資源管理者就是一群為了僱用合適的人來承擔特定的工作，而綜合使用激勵、評價和開發等技巧，促進員工與企業共同成長，實現企業利潤增加的人。

　　目前，傳統的人力資源管理受到眾多挑戰，例如全球化之下同類型企業競爭激烈，企業想要在市場中占據一定的市場占有率，就要把提高生產力、降低成本、擴大市場作為自身生存發展的重點。同時，科技進步要求企業不斷創新，培養與儲備「知識型人才」成為企業競爭的焦點。再加上女性員工的增加和跨國公司的影響，勞動力團隊的多元化趨勢日益明顯。這些變化共同作用，讓企業更加關注「人力資本」，人才的「選育用留」成為企業發展的基石。

　　然而，事物都有兩面性。科技發展和技術進步也為企業的人力資源管理帶來了機遇。例如資訊化管理、巨量資料等已經對人力資源管理者的工作內容和工作方式產生了深遠的影響。企業透過網路進行人員應徵就是新時代的一個顯著變化，同時，許多企業還透過建立人力資源管理入口網站，為員工提供各種人力資源管理任務訊息，簡化了人力資源管理的過程，進而提升了人力資源管理的效率，降低了管理者工作的強度。

　　實際上，社會發展促使新型人力資源管理者必須關注更加多元化的問題，他們不僅要關注僱用和培訓員工這類傳統人力資源管理工作，還需要

人才使用的核心

站在企業發展的大局上，關注策略規劃、財務、市場行銷及生產等各方面的內容，制定合乎公司需要的人力資源管理規劃。而這就要求新型人力資源管理者具備一系列勝任特質。

- 在個人層面，人力資源管理者應當是一個可信的行動者，具備「既可信又積極」的領導力，能夠積極地提供見解、挑戰傳統，並受人尊敬和欽佩，使工作順利進行。

- 在組織層面，人力資源管理者又需要扮演能力建設者、變革推動者、技術倡導者及人力資源管理創新者和整合者的角色，能夠創設一個組織策略與文化、管理實務以及員工行為相契合的工作環境，對員工團隊進行優化整合，形成一個執行良好的組織。

- 在環境層面，人力資源管理者又是能夠幫助公司制定策略的定位者，因為好的領導者就像好的船長，能在充滿風暴的大海中躲避不利環境，指揮船隻平穩的執行。

總之，人力資源管理在受到各種發展趨勢影響的同時也面臨著新挑戰。人力資源管理的新要求就是實施策略性人力資源管理，並且人力資源管理的工作重心要從行政事務性問題轉向整體性問題。

德斯勒認為，無論人力資源管理的形式和要求如何變化，都離不開這樣的邏輯：企業透過人力資源規劃、招募與配置、培訓與開發、績效評價、薪酬與福利管理以及員工關係這六大領域，實現對人才「選」、「育」、「用」、「留」的四大目的，進而實現人力資源管理的最終目標，即選取並留住合適的人才，使其為企業創造利潤、增加企業的競爭力和吸引力。

二、人力資源規劃與人員招募：如何選擇合適的人才

人力資源規劃和人員招募與配置屬於企業「選擇」人才的範疇。也可以說，人力資源規劃是企業人員招募和配置的前提，它從企業的策略規劃和發展目標出發，根據內、外環境的變化，對企業的用人需求做出規劃，然後人力資源管理者再根據人力資源規劃進行人員招募。

(一) 人力資源規劃

企業人力資源規劃一般包括三個方面的內容：人員預測、人員補充以及人員培訓。作為「人力資源管理六大領域」之首，人力資源規劃需要縱觀整體，了解企業人事管理的「過去」、「現在」和「未來」。

- 「過去」涉及人員培訓的內容，即根據員工績效表現制定相應的培訓方案；
- 「現在」與人員補充相關，管理者衡量當前的人事動態，謀求人力分配的合理化；
- 「未來」則與人員預測密切相關，為配合企業的生存和發展需求，人力資源管理者需要具備一定的前瞻性，有目的地為企業招募高品質的、合適的員工。

人力資源規劃在與內、外環境及企業策略目標互相適應的基礎上，確立企業發展的人力需求，以適當的人員流動保證員工團隊的合理流動，是展開人力資源管理活動的前提。

人才使用的核心

（二）人員招募

與人力資源規劃緊密相關的是人員招募。作為實現企業生產經營目標的基礎，人員招募需要採用科學的方法使人員得到精準配置，達到「位得其人、適才適所」的要求。職位需要合適的員工來提高生產效率，員工只有在適合的職位上才能發揮出最大價值。人員招募的有效性需要透過職位分析、人才吸引和人員甄選等科學步驟來實現。

1. 職位分析

人員招募首先要做的是職位分析。職位分析確定了各部門中各職位的工作職責以及應當僱用哪些特徵的人來承擔這些職位。職位分析非常重要，因為它幾乎為人力資源管理的所有活動提供了支持。

- 在員工招募與甄選中，職位分析提供的資訊，既能幫助管理者決定僱用員工的類型和技能，也能使求職者了解自己是否具備任職資格。
- 在績效評價和薪酬管理中，職位分析能為管理者提供有關特定職位的績效等級劃分、員工績效完成的程度和相應等級的薪資等資訊。
- 在員工培訓中，職位分析能為管理者制定培訓方案提供參考，讓任職者清楚自己的培訓目標，提升自己的工作技能。

2. 人才吸引

人員招募還要吸引足夠多的優秀求職者。企業進行員工招募，就表示企業有職位空缺，需要吸引優秀的求職者來填補空缺。但是，有效招募並不是單純的填補空缺，而是從眾多優秀的求職者中選擇最合適的人，使其在企業中發揮作用。比如一個企業有兩個空缺職位，在只有兩名候選人前來申請職位時，除了僱用這兩名候選人之外就別無選擇了。此時，如果有

二十名候選人，那麼企業就可以對候選人進行甄選，擇優錄取，留下最適合的人，這個過程就是有效招募。

招募工作的有效性有一定的衡量指標，諸如吸引的求職者人數、新僱員工的工作績效、新僱員工的離職率、管理人員的滿意度等。但是，企業在吸引足夠多的優秀候選人的同時，也需要考慮招募成本的控制、招募廣告發布管道的選擇以及招募效果的評價等問題。雖然在網路上發布一則招募廣告可能會吸引上千名求職者，企業真正需要的卻是合適的、可僱用的求職者，數量過多反而徒增招募方的工作量。

因此，不同類型的人才需要透過不同的招募管道獲取，可以更高效地招募到最適合的人選，並為企業節約人力、物力和財力。比如，我們可以透過校園應徵招募實習生，不僅可以了解畢業生的實際情況，提高應徵的準確度，還可以透過校園應徵展示企業形象，為企業吸引優秀的求職者；也可以透過獵頭公司招募高階管理人員，這些獵頭公司往往擅長為管理者找到更合適的候選人，為企業節省應徵時間。

3. 人員甄選

人員招募還有一個重要過程就是人員甄選。人員甄選是指在眾多候選人中甄選合適的員工。德斯勒提到，企業在甄選中常使用測驗工具對求職者進行挑選和淘汰，常用的測驗包括：認知能力測驗、運動和身體能力測驗、成就測驗和人格與興趣測驗。除了利用測驗來進行人員甄選外，還可以使用工作樣本法和模擬法來進行選擇，就是向求職者展示他們即將從事工作中可能出現的典型情境，讓求職者對這些情境做出反應，並由專家對每一位候選人進行觀察，得出領導潛能方面的評價，以供人力資源管理者做出僱用決策，最終達到人才甄選的目的。

人才使用的核心

而甄選面試是另一種人員甄別形式。甄選面試是面試官進行口頭詢問，求職者進行口頭回應，在雙方的問答中預測求職者未來工作的績效，做出僱用決策的甄選方式。為什麼我們要做人員甄選呢？這是因為人員甄選涉及三個重要的內容，即績效、成本和法律責任。

- 績效因素，是指員工需要具備為企業好好工作的技能。在僱用員工之前，企業應當將不能有效完成工作的員工剔除出去。
- 成本因素，是指企業招募和僱用員工的成本很高，其中可能包括尋訪費用、面試時間、資訊核查、培訓費用等，如果員工在入職後短時間內離職，將會造成巨大的成本浪費。
- 法律責任，指的是企業必需根據法律法規採取不帶歧視性的甄選程序，人員甄選不當會引起訴訟，企業不僅需要承擔諸多法律後果，還會對企業形象造成損害。

三、人員培訓與績效管理：培育與任用人才

如果說人力資源規劃和人員招募為企業「選擇」了合適的人才，那麼人員培訓和績效管理就是人力資源管理中有關人才「培育」與「任用」的重要環節。人員培訓的目的是提升員工績效，而績效管理可以衡量培訓的成果，也能為下一步培訓計畫提供方向，這二者相互輔助、互為補充。

(一) 人員培訓

人員培訓通常包括兩方面：入職引導和職工培訓。入職引導一般是針對新員工進行的，為新入職員工提供開始工作所需要的基本資訊，比如公

司的規章制度和設備使用等。好的入職引導還有助於新員工在情感上與公司建立連結。

相對於入職引導，職工培訓是針對老員工的。從企業角度來說，職工培訓是為了確保員工的工作技能和知識與公司的發展策略相契合，幫助公司成長，為公司增加收益；從員工角度來說，職工培訓有利於員工培養終身學習的習慣，提升個人績效，實現自我成長。根據調查顯示，在30歲左右的高成就者中，四分之三的人會在入職後一年內就開始尋找新職位，原因就是他們對自己得到的培訓感到不滿足。由此可見，企業有好的培訓項目不僅可以推動企業策略的實現，還能吸引和留住優秀員工，實現企業與員工的共同成長。

(二) 績效管理

績效管理在人力資源管理中發揮著關鍵作用，其目的在於辨識、衡量並開發個人及團隊績效來實現組織目標。績效管理的一個核心問題是績效評價，上級主管根據員工需要達到的績效標準，對員工當下或者過去一段時間的績效進行評價。理想的績效評價有助於界定員工的職位及其績效標準，在企業績效管理過程中占據核心地位。但是，實際的績效評價受到人為因素的影響而並不那麼客觀，由此人力資源管理者設計了許多績效評定辦法，比如強制分布法、配對比較法、行為錨定法等，以期得到有效的績效評定效果。

績效管理在企業人力資源管理中極為重要，它涉及員工的工作滿意度和對未來工作的積極性。摩托羅拉公司在員工工作滿意度和未來工作積極性建設方面的做法值得借鏡，它的績效管理從目標設定、評價方法、回饋

機制和對話方式等方面進行，每一個流程都展現出「以人為本」的用人信念。摩托羅拉公司不僅關注員工在工作細則方面的達標程度，還從員工職業生涯發展等長遠策略方面進行考量，對員工的績效評價結果進行及時回饋和回顧，並根據結果進行相應的績效調整計畫，使員工能夠及時調整工作方向，這樣一來員工在提升績效的同時也增強了企業認同和工作積極性。

所以，管理人員在進行績效評價之前，首先要確定具體的、可達到的、可衡量的、有時限性的和相關性的標準；並在實務上採用基於網際網路的電腦化的績效評價方法，保證績效評價的公平性、合法性和有效性。最終目的是讓績效評價為薪酬和晉升決策提供基礎資訊，糾正績效缺陷，促進組織策略目標的實現。

四、薪酬管理與員工關係管理：留住優秀人才

薪酬管理和員工關係管理屬於「留住」人才的重點內容。薪酬管理在績效管理和員工關係管理中發揮承上啟下的作用，一方面管理者需要根據員工的績效評價等級發放薪資，另一方面薪酬管理與員工滿意度和積極性直接相關。薪酬管理從經濟角度將員工留在企業，而員工關係保障了員工的多種權益，二者對「留住」優秀人才都發揮強而有力的黏合作用。

(一) 薪酬管理

薪酬管理由兩大部分構成：直接經濟報酬和間接經濟報酬。

1. 直接經濟報酬

直接經濟報酬包括基本薪資和獎金。

(1) 基本薪資

基本薪資在薪酬中占主要地位，目前主要是根據工作時間和工作績效進行給付。比如藍領工人、管理人員和網頁設計人員等都是按照工作時長領取小時薪資或者月薪資，這種薪酬支付方式在當前的薪資市場占主導地位。計件薪資是按照工作績效支付薪酬的典型代表，工人根據其生產的商品數量領取薪資，銷售人員則根據銷售額領取薪資。實際上，更多的企業是結合計時薪資與績效獎勵，更具有靈活性。

(2) 獎金

獎金是另一種直接經濟報酬，它在員工激勵中發揮著重要的作用。德斯勒提到，針對不同類型的員工，應當採取不同的經濟型獎勵計畫，這部分就屬於激勵性薪酬，也就是獎金。針對一些普通工人，可以透過績效加薪的方式給予激勵，在計件薪資的基礎上，根據員工個人的績效水準給予額外的獎勵；對於管理人員來說，公司設定年終獎金來激勵管理人員實現短期績效，同時採取股票、期權計畫和股票增值權等方式實行長期獎勵計畫。隨著團隊形式在公司中越來越普及，團隊獎勵計畫也越來越受到企業的關注，即根據團隊績效對個人或者團隊成員實行獎勵。

2. 間接經濟報酬

間接經濟報酬主要指福利。福利可以是間接的經濟性報酬，也可以是非經濟報酬，它是保持員工與企業良好僱傭關係的重要內容。各項保險就是員工福利的一部分，企業還會提供多種個性化服務，比如帶薪休假、員工援助計畫、兒童和老人看護計畫等。甚至許多大企業提倡彈性的福利計畫，員工可以自主選擇休假時間，自由組合休假方案，可以滿足個人對福利的不同偏好。

人才使用的核心

(二) 員工關係管理

薪酬計畫與每一名員工息息相關，它不僅要具備內部競爭性，提升員工的薪酬滿意度，降低員工離職率，還要具備一定的外部競爭性，使企業在同行競爭中更具優勢，從而吸引大批優秀的求職者。但是一個企業不能僅靠提高薪酬來留住員工，做好員工關係管理既能節約用人成本，又能真正「留住」優秀人才。員工關係管理包括三個密切相關的問題：公平問題、勞資關係問題和員工安全問題。

1. 公平問題

有時候工作場所的不公平表現得很微妙，比如員工的直接主管總是對員工進行言語欺辱，這種欺辱對員工來說是一種典型的不公平對待，如果高階管理者對此坐視不理，這種不公平對待會增加員工的壓力、降低士氣，對績效產生直接的負面影響，也會使企業聲譽受到影響，削弱競爭力。所以，對公平問題進行管理是營造良好的公司氛圍、團結員工、提升績效的重點。

2. 勞資關係問題

勞資關係問題也是員工關係維護中的重要部分。沃爾瑪（Walmart）是零售業的大公司，但是它旗下的山姆會員商店（高階會員制商店）的銷售額卻低於好市多（Costco）公司。好市多公司是如何超越山姆會員商店的呢？這與好市多公司穩固的勞資關係策略密不可分。好市多公司承擔了自己員工90%的醫療保險支出，選擇溫和的方式與抗議員工進行協商，並透過增加員工薪資、提高養老計畫投入，以緩和勞資關係，不僅降低了員工離職率，還維持了較高的生產力和優質的服務水準，結果就是好市多公司的利潤大幅成長。正是這種支持性的勞資關係，使好市多公司逐漸成長為

能與沃爾瑪公司相抗衡的全球第二大零售商。好市多公司的例子指出：確實保護員工利益、積極維護勞資關係帶給企業的利益遠大於損失。

3. 員工安全問題

員工安全問題不僅關乎員工的生命安全，還與企業的績效緊密相關。說到員工安全支出，可能許多沒有遠見的企業會認為這是一項增加企業成本的額外開支，事實並非如此。美國的一家木材公司在五年中為改善工作環境和進行員工安全培訓，投入了大約 5 萬美元，並在五年中節省了高達 100 多萬美元的工傷賠償。所以，企業與員工說到底並不是相互對立的關係，良性的員工關係能夠提升員工績效，營造正向的企業氛圍，是最終實現企業策略目標的基石。

五、人力資源管理的新內容：促進國際化與本土化的發展

除了人力資源管理六大領域的主要問題，德斯勒還增加了更豐富的內容，涉及人力資源管理的本土化與國際化發展問題，具體包括小型企業人力資源的建構和全球化人力資源管理。

(一) 小型企業人力資源的建構

在創業政策的號召下，小型企業和創業企業如雨後春筍般出現，但是小型企業和創業企業並不那麼容易生存，它們面臨著諸多人力資源管理問題。一般來說，業務是這類企業的核心策略，「活下去」是第一要義，在規模和實力的限制下，企業只能主要把握生產和銷售問題，一切資源集中在市場開發和技術研發等方面，人力資源容易成為受到忽略的一部分。況且小型企業和創業企業人員數量較少、組織結構簡單、管理架構扁平，組

織更多的是靠管理者或創業者本人來維持，缺少有規劃的人力資源管理。對於小型企業來說，在規劃人力資源管理時不應過分追求系統規範性，而是應當保持靈活性高的優點，建立具有彈性的人力資源管理框架，在發展過程中逐步對薪酬、績效、培訓等制度和流程進行調整和充實。

另外，小型企業和創業企業也要充分利用自己熟悉、靈活和非正式性的特點，在人員甄選、培訓和福利等方面發揮作用，比如採取壓縮工作周、額外休假和工作豐富化的方式讓員工更妥善地發揮作用。進行人力資源管理外包也是小型企業的一個好選擇，這些專業性雇主組織能形成專業化的人力資源支持，減輕管理負擔，為員工提供更好的福利，並達成更好的員工績效和企業績效。

總之，德斯勒提到的小型企業人力資源管理系統能讓小型企業利用自身的優勢，採取靈活性和非正式性的規則來處理績效管理、員工衝突等問題，在激烈的市場競爭中也能讓小型企業和創業企業占有一席之地。

(二) 全球化人力資源管理

隨著經濟全球化的發展，人力資源面臨著全球化的趨勢，越來越多的跨國企業要求人力資源管理者有針對性地制定人力資源政策來對抗國際化營運帶來的挑戰，比如國際化員工應徵、外派員工管理和不同國家人力資源實務帶來的系列問題。

聯合利華可以說是國際化人力資源管理的成功典型。聯合利華在88個國家和地區建立了營運機構，在150多個國家銷售產品，旗下擁有超過1,000個品牌。聯合利華不只靠產品品質取勝，更重要的是依靠高水準的人才，可以說聯合利華是在留住人才和培養繼任方面做得最好的企業了。聯合利

華以「國際化」人才發展為主要目標，進行國內輪調、海外輪調，並展開跨國專案，將員工派往多個不同國家進行培訓，幫助這些具備發展潛力的員工獲得國際化視野，擁有更高的領導和決策能力。此外，聯合利華還建立了全球化的人力資源資料庫。這個廣泛的「人才資料庫」讓聯合利華成為一個能夠把握全球化挑戰、管理靈活的多元化跨國企業。

不同國家之間的文化差異和經濟制度要求人力資源管理者站在更高的角度考慮整體性問題。總部位於美國的摩托羅拉作為一個跨國公司，在進入華人市場後沒有將美國公司管理的方式完全照搬，而是結合了西方管理的精髓與東方文化的特色。在美國，人力資源管理的特點是「法、理、情」，但是這一套完全不符合中華文化的特性，因此摩托羅拉在華人市場的管理以「情、理、法」為原則。這種與文化的有機融合讓摩托羅拉公司的人力資源管理備受讚譽。所以，在如今國際化背景下建立全球人力資源網路，開發有效的全球人力資源管理系統，是人力資源管理者面臨的新課題。

21

《個性與組織》：管人的第一步，是懂人

行為科學的創始人 ——
克里斯・阿吉里斯（Chris Argyris）

克里斯・阿吉里斯（1923～2013）出生於美國紐澤西州紐華克市，行為科學的創始人，組織學習理論的主要代表人物之一，被譽為當代管理理論的大師。

第二次世界大戰期間，阿吉里斯曾在美國陸軍服役。1947 年，阿吉里斯獲克拉克大學心理學學士，1949 年獲得堪薩斯大學心理學和經濟學碩士學位，1951 年獲康乃爾大學組織行為學博士學位。1951 至 1971 年任耶魯大學行政科學教授，1972 年開始擔任哈佛大學諮詢心理

克里斯・阿吉里斯

學與組織學教授，共獲得 11 項榮譽學位，1994 年被美國管理科學院授予「管理學科終身成就者」稱號。

阿吉里斯是美國許多舉足輕重的大型企業（如 IBM、通用食品等）的高級顧問，他同時受聘於許多歐洲國家政府，擔任管理培訓和教育培訓的顧問。

一、為什麼要寫這本書

大多數學科在發展初期都曾受到大眾的質疑，組織行為學也不例外。在《個性與組織》(*Personality and Organization*) 開始創作時，組織行為理論正處於發展的初始階段，阿吉里斯希望透過對過往研究的歸納以及對組織中現象的觀察分析，建立一個系統的、理論嚴謹的、經過實務檢驗的、能夠真實準確反映現實情況的學科理論框架。這是因為，在行為科學應用於管理領域的初級階段，許多組織的管理階層更加依賴經驗去解決實際問題，人們往往認為「經驗」是了解人類本性最好的老師。

因此，他們對於管理學家的「心理測驗」不屑一顧，覺得那是在浪費時間。然而，阿吉里斯認為，經驗本身是傳授不了什麼知識的，關鍵在於一個人如何利用經驗，管理者尤其不能以經驗自詡為人際關係專家。

那麼，如何有效地利用經驗呢？這就需要我們明白人的行為成因，更加科學地按照一個系統框架來綜合行為科學的相關研究成果，從而對組織中人的行為表現的深層原因有所理解。這也是阿吉里斯創作這本書的重要目的之一。

正是在這樣的背景之下，阿吉里斯從整體角度出發，對當時管理學與組織行為學的已有成果進行綜合性研究，最大限度地包容現有文獻，綜合前人的成果，從而描繪出這個知識領域的系統輪廓，同時指出某些可能需要進一步研究的領域，推動行為科學的研究進一步發展。

二、理論貢獻：提出「不成熟－成熟」理論

阿吉里斯透過對過往文獻的分析歸納得出了「不成熟－成熟」理論。這個理論認為，人性的發展，就像嬰兒成長為成人，是一個從不成熟到成

人才使用的核心

熟的過程,是一個從被動到主動、從依賴到獨立、從缺乏自制到自覺的過程。理論上來說,一個健康的成年人在工作中會傾向於獲得最佳的個性表現,不斷朝著「成熟」的方向努力。

(一) 個人與組織的關係

傳統管理學認為,個人只是組織的零件,受到組織的約束與支配。在組織理論發展的早中期,專家更多關注組織而忽略了人在組織中的重要性,並認為人僅僅是組織主體中的一個構成因素。

心理學專業背景的阿吉里斯,在研究個人與組織的關係時,自然離不開從心理學、行為科學的角度來研究人。他在《個性與組織》中強調了組織中人的重要性,認為組織中的個體都有其獨立的人格,是一個發展中的有機體,人的個性都會經過從「不成熟」到「成熟」的發展過程,進而提出了「不成熟—成熟」理論。而在此之前,為了對組織中的人有更好的了解,阿吉里斯對有關人格的文獻進行分析,討論並歸納大多數學者認同的人格基本屬性。

我們常常看到這樣一種現象:

- 有些員工抱怨太累了,絕不能再加班了,可是他們晚上卻在打籃球,差別就在於員工離開公司後做的是自己喜歡的事情,從中吸取了心理能量。
- 同樣是這個人,也有可能他雖然晚上早早就寢休息了,早上醒來卻感到疲憊不堪。從生理學上來講,他應該得到了充分的休息,可是他卻說:「再也不要睡這麼久了,睡了這麼久,我覺得快要累死了。」

這說明,人的生理能量和心理能量之間並不是一一對應的關係。下屬

工作不努力或者表現懶散，讓管理者失去信心時，問題的關鍵其實也是出在心理能量疏導方面。因此，聰明的管理者會設法了解公司哪些工作主要消耗的是生理能量，哪些工作主要消耗的是心理能量，怎樣去幫助生理疲乏的員工恢復體能，幫助心理疲憊的員工恢復精神狀態。

(二) 心理能量的來源

那麼，心理能量都來自哪些方面呢？

首先，心理能量源於需求。每個人在其人格的深處都存在某些需求，比如人們需要吃飯、學習、購物、看電影等。在工作中，我們還需要升遷、加薪、獲得他人的認可等。所以，不斷調整自己以適應生存環境和工作環境，就是最重要的內在需求之一。

其次，伴隨需求而來的是一個人的能力。能力也是人格的一種展現，而且在多數情況下是因為有需求才培養出相應的能力。透過擁有各方面的能力，我們生存於世界上，表達或實現我們的需求。由此我們可以得知，人格的基本組成部分都是相同的，即都是由需求和能力組成。

(三) 自我與自我意識

同時，我們還需要了解，各部分構成人格整體的方式是因人而異的，科學家們將此現象概念化為「自我」。

人的一生都處於發現和再發現自我的過程中，不斷改變和加深對自我的認知。在這個過程中，人們建立起自我意識，並讓自我意識成為指導人們看待經驗的框架或指南。當人在生活或工作環境中感到被威脅時，便會產生一系列防衛機制保護自我。

人才使用的核心

這樣人格的典型特徵及表現，讓我們了解人的行為複雜多變的深層原因。但整體來看，在不否認個體差異的前提下，由於相同的生物遺傳及社會文化體制，人的基本心理特徵總會有一定的相似之處，人的行為還是有客觀規律可以遵循的。

(四) 管理啟示

「不成熟－成熟」理論更加清楚地呈現了人格自我實現的基本趨勢，為管理者解釋組織中人的行為提供了理論依據。

阿吉里斯認為，在實際工作過程中，人格的基本特徵可能會被人所採取的防衛行為掩蓋而無法直接觀察到，但管理者可以透過了解人們做事的方法推斷其背後的動機，而不是被表層現象所迷惑，進而做出錯誤的管理決策。

此外，了解人性的特點也能夠幫助我們更快走出低落的情緒，防止心理上的「退化」現象（指人的人格退回到早期孩子般的低效狀態）。然而在「越挫越勇」的同時，我們也應該經常關注我們自身的心理健康，防止內心的壓力超標，成為爆炸的壓力鍋。

經由對人格的基本了解，我們可以看出人的個性複雜多變，但根據「不成熟－成熟」理論，我們又發現人格整體發展趨勢是有規律可循的。因此，管理者應勤於觀察員工在工作中的表現，思考這些行為背後的心理成因，促進員工的人格朝著「成熟」方向健康發展。同時，我們每個人也需要多多了解自己的內心世界，形成健康的人格，遠離不良情緒，實現自我價值。

三、核心內容：組織的基本特性和個人與組織融為一體時的「連鎖反應」

組織行為是由個體和正式組織這兩個要素互相融合而成。正式組織是有理性的組織，它是按照一定的邏輯建立的。正式組織的設計者假定人的忍受力很大，只要在可忍受的範圍內，人的行為就會有理性，就會按照正式組織的規定去行事。但我們都知道，由於人的非理性，一個人經常會產生一連串不可預測的行為，並影響到組織按照既定的規則去運轉。

在如今的網路上，我們聽到越來越多的呼聲與訴求，比如尋找工作的意義、尋找個人的價值等。這樣看來，個體與組織似乎是天生的對立面。然而，我們需要理解到，追求發展效率是組織發展到一定階段的本能，是不可或缺的商業需求。每一位管理者都希望能夠建立「人性化組織」，然而沒有原則的組織只會更加混亂。

(一) 正式組織的 4 項基本原則

在工業時代乃至於現在，正式組織遵循著 4 項基本原則：任務專業化、命令鏈、統一指揮和控制幅度。

第一項基本原則：任務專業化。

專業化生產方式在產業革命時期迅速擴大了生產規模，卻消除了個性差異，讓身在機器前的工人成為動作和思想一致、機械化的「勞動者」。專業化其實就是人的工具化，工作越簡單就越符合要求。然而，過細的專業化分工會使獨立個人的能力產生嚴重畸形。

第二項基本原則：命令鏈。

命令鏈指的是按照一定的權力等級將若干部門組織起來，上一級指導和控制下一級，就可以提高管理和組織的效率。然而，這種組織的等級層次結構，勢必形成「命令－服從」關係，將員工阻斷在非成熟狀態，同樣不利於員工個性的健康發展。

第三項基本原則：統一指揮。

如果每一個部門都在領導者的統一規劃和指導下完成高度專業化的活動，那麼就可以提高組織的工作效率。在這一原則下，員工的奮鬥目標是由領導者來規定和控制的，員工的個性發展由「自治」變為「他治」。

第四項基本原則：控制幅度。

只要把領導者的控制幅度限制在五、六個工作上有互動的下屬之內，就能提高管理效率。這個原則的局限在於，它會使得權力階級中最底層人員的支配權越來越小，下屬在工作中變得更加被動。同時，控制幅度越小，部門劃分就越多，而工作就越被分割得支離破碎，不同部門之間員工的溝通往來需要層層請示到有權指揮這兩個部門的共同領導者為止，反而加大了員工之間的「管理距離」。

經由對正式組織的這4個原則進行分析，我們應該看到，如果員工完全遵從組織原則去工作，是與自身健康人格發展不相符的。長此以往，員工對自己的工作沒有控制權，並將長期在組織中處於被動、依賴、從屬的狀態。這樣的員工只考慮眼前問題，沒有對工作深層次的思考，不利於工作能力的提升。漸漸地，員工開始情緒低落，降低工作在心理上的重要性。

(二) 兩種個體的適應性行為

當正式組織對員工的要求與員工本人的需求相對立時，員工就會遭遇衝突。比如，工作機械、單調、缺乏多樣性和挑戰性，就會妨礙員工個性需求的表達。面對這種衝突的情況，員工是透過個體或群體的適應性行為來平衡內心的沮喪。

在個體的適應性行為方面，主要包括兩種行為。

第一種：員工會透過離職、升遷等方式離開衝突環境，或透過調換到其他職位帶來的新鮮感來獲得暫時的滿足感。

然而，生活總要繼續，大部分人還是需要養家活口、維持生計的。那麼他們更多的是選擇升遷，努力升遷到很少發生衝突的位置。當然，升遷是十分困難的，這就造成了下一輪的矛盾。努力升遷的人永遠不會停下來休息，他們充滿壓力、沒有興趣、沒有時間、沒有精力去從事和事業無關的其他活動，他們疏遠了自己的家庭、父母和親朋好友，這種孤立感也是對員工心理健康的一種損壞。

第二種：員工會繼續留在組織，但不會再將組織看得那麼重要，他們會採取一系列防衛機制來抵抗工作，比如找藉口拖延、推卸責任、無休止地抱怨公司又不提升自己、工作時間開小差等。

其中，組織中個人的冷漠和事不關己的態度需要特別重視。假設我們自己長期處在一個機械化的工作環境中，當我們逐漸發現工作無法展現出自己的個性時，就會感到非常失落。此時，我們就會倒退到更接近於兒童的狀態，沒有受挫之前那麼「成熟」。

這種人格的「原始化」將會促使我們產生迷惘和無助，同時不斷增加的壓力也會助長我們在這份工作中的無力感。長此以往，這種壓力會導致

自信心降低，不斷和組織發生分歧，最後產生「讓組織見鬼去吧」、「當我離開工作一切都會好起來」等消極逃避的心態。

（三）4 種群體的適應性行為

一個人的懶散似乎還能解決，一群人的消極怠工可能就會讓管理者為難了。然而，在實際的工作中，這些對抗組織的員工們為了使自己的生存得到保障，便開始尋找相同群體的認同，從而形成非正式群體來緩解在工作中的挫敗情緒。

群體的適應性行為包括 4 個方面：

第一個方面：群體層面的定額限制、偷懶和消極怠工。

大多數員工會「閒聊」或者「躲在洗手間裡看報紙」，這些員工所持有的代表性態度是「為了這一點薪資，他們不能讓我做太多的工作」、「慢慢來，別太賣命，公司明天不會消失」。其中，最有「創造力」的活動竟然是員工私下「兼職」。可以說，這是員工對企業管理階層所樹立價值觀的完全忽視。

現實中，確實有少數員工的表現符合管理階層的邏輯，會對組織的激勵做出全力以赴的響應，這樣的人被稱為「定額突破者」。但是員工們並不喜歡定額突破者，定額突破者也不喜歡其他人。在實際的工作環境中，「定額突破者」總是被排擠和嘲諷。如果你是定額突破者，你不該生產太多，否則便是「高產怪物」；你也不該生產太少，否則便是「不老實」。員工透過這些行為抗拒工作，同時又能減少自己的付出。

第二個方面：小群體的正式化，也就是建立工會。

工會的建立是為了支持組織中任何層級的工作群體，員工可以透過工

會的正式權力來支持許多非正式活動。員工一旦成立了自己的非正式群體，群體歸屬感會使他們比其他人更願意常來公司。

心理學研究顯示，每個人都害怕孤獨和寂寞，希望自己歸屬於某一個或多個群體，這樣可以從中得到溫暖，獲得幫助和愛，從而消除或減少孤獨和寂寞感，獲得安全感。非正式組織所能提供的歸屬感對員工來說十分重要，將有助於減少個人與組織間的心理衝突。

第三個方面：強調金錢和其他物質獎勵。

工作中沒有成就感的員工可能會更加重視金錢和職業安全感，尤其對於處在技術低層和社會經濟低層的員工來說，他們更常想的是，「工作是謀生的手段，除了金錢沒有其他意義」。

第四個方面：培養年輕一代對工作的冷漠。

組織中的個人會潛移默化地影響他們的子女，他們的子女從小便被培養出「不要期望從工作中找到幸福」的消極態度，同時被教導一些「如何不拚命工作」的竅門，從而減少將來可能遇到的挫折和衝突。

透過上述組織的特性和內部實際表現，我們可以看出，組織本身所固有的邏輯性和原則性，會使組織對人格的健康發展產生一定的阻礙。而個人在組織中受挫便會產生一系列防禦措施。然而，組織與個人的持續對立會造成組織的混亂，管理者需要不斷尋求保持個人與組織平衡發展的組織結構設計方案，才能保證組織的良性運轉。

四、管理實務：管理者最佳領導方式的實現與影響

實際的管理應用中，管理者的主要管理方式有哪些呢？常見的管理方式有以下 3 種。

人才使用的核心

- 第一，強而有力的領導方式。這種領導方式常常是專制、命令、官僚式的，透過施加壓力來管理下屬，員工不僅會感到工作氛圍壓抑，還會以領導者為中心相互競爭，缺乏團隊精神。
- 第二，嚴格管控。這種領導方式透過對每一個員工的績效數量和品質進行仔細的檢查和評估，分配給每一個員工高度細化和專業化的工作，看似提高了效率，卻使員工失去了參與確定工作職責及目標的機會。
- 第三，人際溝通。這是管理者緩解組織與個人之間對立的常用方法，希望透過人與人之間良好相處的方式來拉近管理者與員工之間的距離，讓員工認同自己的工作。

但是，在面對利益與價值觀衝突時，員工不會將自己所做的「不對」的方面告訴管理階層，管理者無法獲得他們最想了解的訊息。同時，隨著管理者職位的逐漸升高，他會越來越嚴重地被下屬孤立起來，久而久之，只能苦苦思考哪些人講的是真話，哪些人講的是假話。這一現象被稱作「管理者孤立」，是在管理者與員工進行人際溝通過程中最常見的現象。

由此可見，組織中人性的發展所帶來的個人與組織的衝突不可避免，管理者需要做的關鍵在於透過新的組織設計來實現個人與組織的協調，讓團隊達到高度和諧，群策群力。

但是，卓有成效的領導力沒有現成的模式可遵循，只能透過管理者對實際情況進行分析判斷來採取適當的舉措，實行「以現實為中心」的領導方式。而這些措施的核心就是關注人性的特點及人格的表現，盡可能地兼顧每一個人或每一種環境。在具體實施方面，管理者可以採取 5 種方法：

- 一是擴大員工的工作範圍，使員工的工作內容豐富化；
- 二是加大工作難度，擴大員工的技術領域與知識面；
- 三是實行以員工為中心的民主式、參與式領導方式，聽取員工的需求；
- 四是加重員工的責任，激發員工的責任心和創造力；
- 五是適度放權，更多依靠員工自我指揮和自我控制。

然而，這些方法的成功與否還取決於員工是否對組織有興趣，是否願意參與到組織的活動中。可見，培育一個健康的組織，促使其良性運轉，任重而道遠。

人才使用的核心

企業持續成長的命門

22

《改造企業：再生策略的藍本》：難題破解的關鍵

企業再造之父 —— 麥可・漢默（Michael Hammer）

麥可・漢默（1948～2008），從小學習優異，於 1964 年進入麻省理工學院攻讀數學學士學位，此後相繼取得了工程師碩士學位和電腦科學博士學位。良好的功底為他未來的企業研究奠定了基礎，留校任教幾年後，漢默毅然辭去教師職位，投身於管理工作之中。

1990 年，漢默在《哈佛商業評論》上發表了〈再造不是自動化而是重新開始〉（*Reengineering Work: Don't Automate, Obliterate*）一文，率先提出了企業再造的思想。1992 年，他被

麥可・漢默

《彭博商業周刊》（*Bloomberg Businessweek*）評為「1990 年代最傑出的管理思想家之一」。1993 年，他出版了《改造企業：再生策略的藍本》（*Reengineering the Corporation: A Manifesto for Business Revolution*），象徵著企業再造理論的成熟。1996 年，漢默被《時代》雜誌（*TIME*）評為「美國 25 位最具影響力的人之一」，被譽為「企業再造之父」。2008 年，麥可・漢默去世，享年 60 歲。

一、為什麼要寫這本書

企業再造的前提是什麼？企業再造概念的產生是基於什麼樣的背景？漢默認為，這個問題的答案可以分為三個方面，分別是顧客、競爭與變化。由於這三個詞彙的英文單字都以字母 C 開頭，所以也被稱為「3C」背景。

(一) 顧客

漢默認為，隨著科學技術的進步和生產力的發展，全球的商品市場正在發生重大的變化，具體表現為：不再是企業決定顧客能買到什麼，而是顧客決定企業需要生產什麼。漢默敏銳地察覺到了顧客在商品關係中地位的強勢崛起。漢默指出，由於商品市場的繁榮，顧客開始有了選擇的餘地，他們可以憑藉自己的需求和購買偏好來影響廠商的決策。那些不重視顧客、只提供單一類型產品的廠商，將在競爭中落敗。總之，漢默認為，顧客的強勢崛起將徹底顛覆買家與賣家之間的關係，企業必須重視每一位顧客的需求，並持之以恆地改進商品和服務，這樣才能在激烈的市場競爭中存活下來。

(二) 競爭

實際上由於顧客地位的強勢崛起，企業之間的競爭關係也發生了重大的改變。以前，只要一家公司能夠提供物美價廉的商品，就能在市場競爭中取得優勢。然而隨著財富的增加和顧客需求的多樣化，市場競爭的方式開始變得更加多元化。換言之，企業之間的競爭不再是比較誰的商品更加物美價廉，而是開始比較誰能夠更好地滿足顧客的需求。漢默指出，基於

這種邏輯，未來的企業競爭不再是企業在同一水平線上的較勁，而是要在競爭中尋找適合企業的定位。整體而言，由於顧客地位的強勢崛起，企業之間的競爭開始出現多元化的趨勢，在這種情況下，企業必須及時反思自己，思考自己的定位和發展。

(三) 變化

顧客地位的強勢崛起加上競爭的多元化，最終導致整個市場不再長久穩定，而是瞬息萬變。漢默指出，今天的產品市場更新迭代的速度，要求企業必須能夠快速地根據市場變化，改變自己的產品和服務，不然就會遭到淘汰。在市場更加複雜的同時，市場變化的速度也在加快。總之，漢默認為，市場中的變化迫使企業必須時時刻刻審視自己的發展策略和產品業務，隨時準備著應對風險挑戰。

總而言之，漢默認為，面對這種顧客導向、競爭多元、變化多端的局面，企業必須重新審視自己原有的產品和服務，嘗試使用再造的方法來提升企業的成長潛力。

基於此，漢默在《改造企業：再生策略的藍本》中討論了為什麼企業需要破除繁文縟節，應該如何運用再造來減少多餘的規則和程序，那些成功的企業是如何運用再造來解決企業的諸多問題。漢默提出的「再造」概念，在今天仍指導著 IBM 等知名企業的管理實務，為一代又一代的管理者提供永恆的智慧。

二、什麼是再造：基本、徹底、顯著與流程

漢默指出，對再造的定義不是一種嚴密的邏輯判斷，而是一種一目了然的理念。簡單來說，再造不是對現有的事物進行修修補補，也不是對現在的結構做一些簡單的漸進式改革，而是徹底地拋棄長時間使用的工作流程，重新探索那種能夠促使公司推出新產品、新服務的流程與結構。再造就是重新開始，就是重新回到出發點，重新開闢出一條做好企業經營工作的最佳途徑。具體地說，再造就是針對企業業務流程的基本問題進行反思，並對它進行徹底的重新設計，以便在成本、品質、服務和速度等衡量企業業績的重要標準上，取得顯著的進展。這個定義有點長，漢默提出，我們可以用四個關鍵詞來概括這個定義，那就是基本、徹底、顯著、流程。

(一) 基本

所謂基本，就是指再造關注的是基本制度和基本流程層面的改革。當我們進行再造的時候，我們關注的往往只是一些基本的問題，比如我們為什麼要做這項工作？我們為什麼要這樣做？只有這些基本的問題，才能使人們注意到自己工作的前提和規則，這樣我們才能發現這些前提和規則的過時與錯誤之處。

漢默提到了這樣一個例子：

一家企業的營運成本居高不下，於是這家企業聘請漢默來提供諮詢建議。漢默經過深入調查後發現，問題的關鍵在於企業內部辦公用品的採購。一般來說，集中採購辦公用品往往能夠得到一個更低廉的價格。但是漢默發現，在這家公司，即使員工只買一支5美元的鋼筆，也要經過複雜

的流程,將需求層層上報、層層審批,再經過漫長的等待後,才能拿到自己需要的東西。經過漢默的估算,在這個過程中,公司需要付出價值100美元的人力和物力,才能完成這一筆5美元的鋼筆採購工作。

漢默之前的改革者完全沒有思考過這個鋼筆的採購流程本身是不是存在問題,而只是增加了員工專門監督這個採購流程,期望透過監督的方式來提高效率。然而,這樣做只會進一步增加採購流程的成本,最終陷入越改越難的惡性循環中。漢默轉而使用再造的視角來審視鋼筆採購流程。他的問題直接觸及採購流程的基本意義,他這樣問道:「採購鋼筆是為了服務員工還是控制員工?」答案當然是顯而易見的,於是漢默再造了這家企業的基本採購流程。他提出,為員工設立500美元的採購額度。公司不再事無鉅細地檢視每一筆交易,而是對所有的交易進行抽查,如果發現問題就取消員工的採購額度。果然,這一項關注基本流程的再造取得了巨大的成功。

藉此案例,漢默指出,「基本」是再造的關鍵特徵之一,這往往意味著關注基本的制度和流程,而不是關注營運的細枝末節。

(二) 徹底

徹底指的是要從事物的根本入手展開再造,把舊的一套徹底拋棄,開闢完成工作的嶄新捷徑。

這裡漢默舉了一個IBM的例子來說明自己的觀點:

曾幾何時,IBM幾乎是電腦的代名詞,其業務遍及全球,其股票也是當之無愧的績優股。但是隨著IBM在個人電腦市場的失利,人們開始對IBM的發展和前景議論紛紛,直到1990年代初,IBM已不再是風光無限的商業巨頭,而成了僵化落後的大公司的代名詞。面對這種情況,IBM痛

定思痛，開始重新思考公司的個人電腦業務，最終 IBM 選擇對自己的業務流程進行徹底的再造。

IBM 徹底拋棄了原有的組織架構，建立了一個直接聽命於執行長的管理團隊；徹底放棄了原有的會議溝通管道，轉而建立了企業內部的電子郵件系統；徹底放棄了原有的各部門計畫彙整，轉為執行長對各部門的工作做出評價。從中不難看出，IBM 幾乎完全放棄了原有的管理結構、訊息溝通系統、績效評估制度。當然，這種徹底的再造也讓 IBM 公司獲得了不俗的成績，IBM 的產品開發時間從 4 年縮短到 16 個月，交付率從 30% 提高到 95%，消除了 6 億美元的不良債權，銷售成本也下降了 2.7 億美元。

這樣來看，「徹底」也是再造的關鍵特徵之一，這往往意味著再造要從根本入手進行改革，而不是關注原有制度的一隅。

(三) 顯著

漢默指出，再造不是要在業績上取得點滴的改善或者逐漸提高，而是要讓業績取得顯著的改進。如果一家公司只需要將業績提升 10%，那它未必需要再造，它只需要採用漸進的辦法來提升企業效率就可以了。只有當企業面臨重大的困難或者挑戰，感到原有的體制和制度已經不能夠滿足需求的時候，它才需要再造。也只有在這種情況下，企業再造才能順利進行。

換言之，再造必須是顯著的，必須是能夠使企業煥然一新的。再造的顯著性還與競爭對手有關。企業往往透過再造的方式，獲得自己的競爭優勢，而這種顯著的競爭優勢將幫助企業在競爭中脫穎而出。就像零售巨頭沃爾瑪雖然沒有主要的競爭對手，但是沃爾瑪始終堅持不斷地對自己的流程進行再造，以此來保持自己的競爭優勢。漢默認為，這就像一輛汽車在筆直的道路上飛馳，汽車面前沒有障礙物，本身也沒有任何故障，但是駕

駛員突然將車停在路邊，開始為其他對手設定障礙，再造就是這樣一種改進。透過再造，企業可以獲得非同尋常的競爭優勢與成就。

總之，「顯著」也是再造的基本特徵之一，這往往意味著企業會取得明顯的競爭優勢和進步，而不是微不足道的提升。

(四) 流程

所謂流程，就是一系列的業務活動，這些業務活動往往涉及將某種或多種東西投入到生產中，並創造出對顧客有價值的產品。

比如在前文特斯拉汽車的例子中，對顧客而言，最有價值的活動就是將特斯拉汽車安全且快速地送到客戶的手中。換言之，特斯拉應該以快速、安全地交付汽車為第一目標，其他的工作流程都應該服務於這一項目標。庫存的清點、檔案的登記、產品的檢驗都應該進行相應的簡化，為快速交付汽車的目標讓路。如果特斯拉的產品經理能夠為快速交付汽車創造出一系列的新安排和新制度，那麼我們就可以說他是真正理解了再造的關鍵詞──流程。

整體來看，「流程」也是再造的基本特徵之一，這往往意味著企業關注的是整體目標的實現，而不是碎片化任務的完成。

三、如何進行再造：再造團隊、再造流程和再造氛圍

漢默認為，我們可以透過再造團隊、再造流程、再造氛圍三個方面來實現再造。

(一) 再造團隊

漢默指出，公司本身並不能自動進行再造，而是要由公司裡的人實施再造。那麼，由誰來實施再造呢？公司如何挑選和組織實施再造的人，乃是再造取得成功的關鍵。漢默認為，再造團隊意味著挑選合適的領導人、建立專業的再造小組、組織全面的指導委員會三方面的內容。

1. 挑選合適的領導人

由於再造往往涉及整個組織和流程的改變，因此統領再造的領導人，必須具有很高的威望和很大的權力，必須有足夠的耐性和技巧來說服員工忍受變革帶來的劇烈動盪。這種領導人往往是透過毛遂自薦的方式出現的，因為這種方式產生的領導者，往往具有非凡的熱情，對其所處的產業及所在的公司具有高度的責任感。

2. 建立專業的再造小組

再造小組承擔著整個再造工作中最繁重的任務，要思考再造的任務、制定出再造的計畫並將其付諸實踐。再造小組是為了改造公司業務而做實際工作的人。再造小組的成員必須包括局內人和局外人。局內人能夠幫助小組很快地發現原有流程的缺點，找出執行中的問題。局外人則能為小組帶來更加不同的觀點，他們往往勇於提出直擊痛點的問題，敢於徹底拋棄原有的格局，另起爐灶，他們往往是富有想像、思想敏銳、善於學習的人。

3. 組織全面的指導委員會

指導委員會是一個高階管理人員的集合體，通常包括領導人和富有經驗的專家團隊。他們負責的是整體的再造策略，討論並決定再造專案的優

先次序和資源配置。從這一點上來說，指導委員會有點像最高法院，它負責幫助企業在再造計畫的各個方面做出決斷。

（二）再造流程

漢默提醒那些想要進行再造的管理者們要注意，在企業的組織結構發生變化以後，更加重要的任務在於再造流程。換言之，企業再造的不是生產部門和業務部門，而是這些部門的人員所做的工作。漢默認為，一方面我們要辨識出哪些工作內容屬於流程，培養辨識流程的能力；另一方面我們要積極運用會議等方法展開溝通，持續改進流程。

1. 如何培養辨識流程的能力

漢默認為，一家公司的流程本身應該是完整暢通的。比如一家鋼鐵企業要生產鋼材，那麼它就必須承擔起從採購原物料、加工原物料到最終產出商品這樣一個過程，而這個過程就被漢默稱為該企業的流程。但問題在於，企業內部設立的業務部門，將本來完整的流程進行了切割，導致整個過程的效率大幅降低，部門衝突的可能性也大幅提高。

就拿鋼鐵的生產來說，本來是需要多少產品就得進口多少原物料，比如要生產一批鋼鐵，就必須進口一批鐵礦石，這是再自然不過的道理。但是一旦這個流程被不同的部門切割以後，就開始變得非常複雜了。比如市場部負責預測並提供鋼鐵的產量數字，採購部負責購買鋼鐵的原物料。市場部預測市場上的鋼鐵將變得稀缺，於是要求採購部大量採購鐵礦石來投入生產。但是採購部不會這麼想，因為市場部只是做出一個預測，採購部可是要付出真金白銀來購買原料的，一旦市場部的預測失誤，市場上鋼鐵的價格不升反降，採購部就必須承擔大量採購原物料所帶來的庫存壓力

和資金壓力。於是市場部和採購部陷入了漫長的「拉鋸戰」，在這個過程中，組織內大量的資源被浪費在內耗之中，寶貴的市場機會也在無休止的推諉中消失得無影無蹤。

漢默認為，大型企業的原本業務流程被不同的業務部門切割得破碎不堪。我們想要進行企業再造，就要學會如何辨識企業中不同的業務流程，從而更好地把流程從部門分割中解放出來。

2. 如何運用會議來持續改進流程

漢默認為，再造的方法和技術非常多樣，最重要的是會議的運用。我們可能會覺得奇怪，會議不是我們耳熟能詳的溝通方式嗎？為什麼會議會成為再造的一種重要方法和技術呢？漢默指出，當我們挑選了合適的領導人、建立了專業的再造小組、接受專業的指導委員會的幫助以後，這時的會議就不再是一個傳統的溝通管道了，而是一個充滿著思辨與創新的平台。

比如一家汽車保險公司邀請漢默來幫助他們進行企業再造，在漢默幫助他們建立再造的一系列規則之後，就在他們的會議中，一位員工提出公司可以不經過調查和評估，就讓客戶把輕微損壞的汽車直接開到公司認可的修理行去修理。最終這家汽車保險公司採納了這一個想法，極大地提升了這家汽車保險公司的銷量。漢默用這個例子說明，一旦再造的規則和團隊建立起來了，企業就可以在流程中加入會議，來幫助企業形成具有新意和創造力的觀點，從而不斷改造流程。

(三) 再造氛圍

漢默指出，再造氛圍其實是再造實務中一個相當重要的方面，一個團隊的氛圍將影響整個再造過程的實施和發展。其中最重要的就是，如何說

服公司內部的員工擁護再造。漢默透過研究發現，成功實現再造的企業，都成功說服了雇員接受變革，這些企業通常從兩個方面來說服員工。

- 第一，行動理由。行動理由說明的是公司為什麼必須進行再造。其道理必須簡明、全面和令人信服，管理階層不能只是叫喊「狼來了」，而是必須有一份為行動辯護的理由陳述書，無論公司面臨什麼樣的尷尬情況都必須如實說明。漢默指出，行動理由不應該長篇大論，而應該簡短明確、直截了當，最多只能 5 頁紙。
- 第二，前景說明。如果行動理由是告訴我們，我們應該實現變革，那麼前景說明就是我們要朝著什麼方向變革，也就是我們希望企業是什麼樣子的，這也是企業再造的目標。前景說明將敘述公司應該如何經營，並提出再造必須取得哪些成果。公司可以在再造之前和再造期間，利用這份檔案作為再造目標的提醒，衡量再造進度的標準和使企業繼續進行再造的鞭子。

當行動理由和前景說明一起運用時，就能發揮桿子和磁鐵那樣的作用。具體說來，包括兩個方面。

- 第一，必須從原來的地方脫鉤，使他們脫鉤的工具就像一個桿子，這個桿子就是行動理由。
- 第二，必須使已經脫鉤的人被另一種思想觀點吸引，而吸引他們的工具就像一個磁鐵，這個磁鐵就是前景說明。

《基業長青》：成為高瞻遠矚的偉大企業

管理學界潮流的引領者 —— 詹姆‧柯林斯（James C. Collins）

詹姆‧柯林斯（1955～），美國著名的管理學家，他對企業管理思想的發展做出了非凡的貢獻，曾一度引領管理學界的潮流。

柯林斯出生於美國科羅拉多州的博爾德市。他從美國史丹佛大學商學院畢業後，曾先後到兩家頂尖企業麥肯錫和惠普工作。他在工作期間，發現自己並不適合做一名商人。於是，柯林斯在1988年重返史丹佛大學，一

詹姆‧柯林斯

邊從事管理學研究，一邊累積教學經驗，最終成為史丹佛大學的「明星教師」。而1988年也成為柯林斯人生的轉捩點。後來，他在加州的帕羅奧圖成立了自己的公司，又先後在默克集團、星巴克、明鏡新聞出版集團、麥肯錫公司等世界知名公司擔任高階經理和執行長。柯林斯的主要代表作有《基業長青》（*Built to Last*）、《從A到A+》（*Good to Great*）等。

企業持續成長的命門

一、為什麼要寫這本書

《基業長青》是柯林斯歷經 6 年的研究成果，那麼柯林斯是出於什麼目的堅持了這麼多年呢？

在書中，柯林斯提到，這項研究有兩個目的。

第一個目的：為了找出那些極為高瞻遠矚的公司共同擁有的基本特質與動力。

柯林斯相信，正是這些特質與動力才使這些公司與別的公司區別開來，所以，柯林斯的第一個目的就是發現這些公司的不同之處，並將這些不同之處轉化為實用的觀念框架。那麼，高瞻遠矚的公司到底有著怎樣的特質與動力呢？傳統的管理學原理與方法認為，企業的穩定與發展主要依靠科學的管理與控制，強調計劃、組織、指揮、領導、控制以及創新等管理職能的展現，透過各項環節的控制來保障企業的執行與生存。

但是，管理學界經由現實卻發現，僅做到這些並不一定能使企業長盛不衰，尤其是在 1970 年代，美國正經歷著經濟蕭條，大量企業倒閉、工人失業，柯林斯開始思考，那些諸如花旗銀行、嬌生、沃爾瑪等各產業巨頭，是因為策略規劃、組織管理以及不停地追求利潤才度過危機、經久不衰的嗎？我們可以從這些企業的發展中學到什麼經驗或者汲取什麼教訓呢？在柯林斯看來，高瞻遠矚的企業絕不只是創造了長期的經濟報酬而已。事實上，這些企業已經融入社會的結構裡。因此，柯林斯進一步探尋了這些高瞻遠矚的企業經久不衰的祕密，以此來回答這些企業到底為何與眾不同。

第二個目的：希望能夠有效地把他們的發現以及觀念傳播給大家，以此來對傳統管理方法的變革發揮影響，並且能夠為那些想創立、建設和維

持高瞻遠矚公司的人士提供思想基礎。

有人會說，既然柯林斯發現了成為真正偉大企業的密碼，那麼他應該自己去成立一家企業並實踐他的發現，如果同樣獲得了成功，豈不是比寫書更有說服力？因為有些人是天生的老師，正如公雞只負責在天亮時分啼鳴報曉，替人看病、開處方的醫生也不會親自去製造藥品。從結果來看，這本書無疑獲得了傲人的成就，自1994年出版以來，銷量長虹，受到眾多領域成功人士的推崇。美國前部長約翰‧加德納（John Gardner）曾讚揚《基業長青》，他說這本書值得每一位經理人去閱讀，因為這本書探討了「更長久、更重要、更真實、更深遠」的問題，為希望建立起經得起時間考驗的偉大公司與組織的人士提供了實際指南。

二、研究對象：高瞻遠矚的偉大企業

柯林斯選取了18家卓越的企業作為主要研究對象，由於他認為「成功的」或是「長盛不衰的」都不能反映這些卓越企業的與眾不同，因此他在書中稱這些企業為「高瞻遠矚的企業」。具體來說，這些企業包括波音公司、福特汽車公司、奇異公司、索尼、沃爾瑪等世界級企業。顯然，這些企業已經是產業中的翹楚，是許多公司學習經營管理方法的典範，甚至成了大眾的偶像。

此外，柯林斯選取的這些研究對象都是1950年之前成立的企業，其中最年輕的企業是1945年成立的沃爾瑪，年紀最大的則是西元1812年成立的花旗銀行，研究對象平均成立時間為95年。這些企業除了經歷時間的考驗以外，還經歷過挫折的歷練。這些企業的發展並非是一帆風順的，其中許多家企業都經歷過嚴重挫折、走過彎路，甚至曾經做出錯誤的決策。

企業持續成長的命門

- 比如波音公司在 1930、1940 年代面臨嚴重的困境。在那個年代，在民用航空領域，美國的道格拉斯公司一直是產業領頭羊，而波音公司主要依靠軍方訂單生存，因此第二次世界大戰結束後，波音公司五萬餘人的員工被裁減到只有七千餘人，但正是在這樣的逆境中，波音公司開始了它的「豪賭」──犧牲利潤來開發噴射機。隨著波音 707 的問世，波音 707 打敗了道格拉斯的螺旋槳式飛機。波音向世人宣告，它做到了，世界也進入了噴射發動機時代。但是到了 1970 年代初，波音公司再次遭遇險境，一度裁員六萬多人，公司差點瓦解。但是歷史告訴我們，面對困境，波音又一次挺過去了。

- 而索尼在創業初期就很不順利，最初的五年裡，索尼推出的產品接連失敗，在 1970 年代錄影機市場爭奪戰中，索尼也敗給了別的公司。

- 汽車業巨頭福特公司則出現過美國企業史上最嚴重的虧損，1980 年代初期，福特公司曾在三年內虧損 33 億美元，之後才成功實現了企業的再造，從而反敗為勝。

顯然，即使面臨困局，這些企業在發展中仍然展現出優越的韌性。不論是處於順境還是處於逆境，這些企業都能從中獲取發展的機會，具有強大的生命活力。

柯林斯是如何將這些企業確定為研究對象的呢？為了把偏見減少到最小，柯林斯設立了廣泛的調查範圍，他從《財星》雜誌 500 強中的工業企業與服務業企業、《公司》（*Inc.*）雜誌 500 強中的上市公司與未上市公司中，選擇了 700 名企業執行長，對他們進行了問卷調查，讓他們推選出自己認為的「高瞻遠矚的企業」，以此作為《基業長青》的研究對象。柯林斯認為，執行長比研究員更了解市場情況，對這些執行長推選出來的「高

瞻遠矚的企業」進行研究，可以更容易了解這些「高瞻遠矚的企業」為何與眾不同，從而形成一些有益的企業發展理念，為有志之士提供指導性意見。

三、研究方法：基於對照比較視角下的歷史分析法

要得出客觀可信的結論，就需要採用科學的研究方法，柯林斯如何對已經選好的 18 家企業進行研究呢？

（一）設定對照組

若是簡單地將 18 家企業放在一起進行分析，確實可以得到這些「高瞻遠矚的企業」的共通性，但如果只對這 18 家企業採用歸納法進行研究，就會有一定的缺陷，很容易得出一些沒有價值的結論。比如，我們會發現，「高瞻遠矚的企業」都擁有自己的辦公大樓，而將擁有自己的大樓作為「高瞻遠矚的企業」的關鍵因素，是沒有價值並且荒謬的，柯林斯稱之為「擁有大樓陷阱」。所以，科學的做法應該是採用「對照組」，也就是說，透過設定一群對照的企業，才能回答「高瞻遠矚的企業有什麼本質上的不同？是什麼特質使其區別於別的企業？」等問題。於是，柯林斯系統地為每一家「高瞻遠矚的企業」精心挑選了一家對照公司，形成了一一對照的關係。當然，關於對照公司的選擇也是有講究的。首先，對照公司創立的時代要與研究對象相同，創業時的產品與市場要與研究對象相仿。比如，柯林斯選取了麥道公司作為波音公司的對照企業，麥道公司也就是我們前文提到的道格拉斯公司，兩家公司正是在同一時代建立起來的。

其次，研究對象是透過對執行長代表的問卷調查確立下來的，因此對

照組也要源於此，只不過需要選取那些較少被執行長代表提及的企業。

最後，對照組的企業也不能是非常差勁的企業，因為對有著天壤之別的企業做對比，並沒有什麼參考價值，按照柯林斯在書中所說，是希望發現金牌隊伍與銀牌或者銅牌隊伍的差別。比如，選擇在消費日用品產業中業績突出的高露潔公司作為產業巨頭寶僑公司的對照企業；在影視製作產業，選擇哥倫比亞影業作為迪士尼公司的對照企業。

(二) 歷史比較分析

設定好對照組之後，下一步就是對這些公司的歷史與演進進行比較分析。柯林斯面對歷史，回答了「這些公司是怎麼起步、怎麼演進的？怎麼管理從創新企業到守成企業的轉型？怎麼應對戰爭與經濟蕭條之類的歷史事件？如何適應革命性的科技發明？」等問題。柯林斯認為，若只審視企業的現狀，只是看到了結果，而不知道成功的原因。或許，歷史的方法不一定能有效應對未來，但是柯林斯指出，在整個研究中，就是要尋找那些不受時間限制，甚至可以跨越時代鴻溝的根本原則。《基業長青》的目的也是如此，從公司長期的歷史中得到知識，並開發出有用的觀念和工具，提供給有心成為未來「高瞻遠矚的企業」的組織運用。

四、核心內容：
破除傳統觀念，發現邁向卓越的反常識祕訣

我們曾經堅定不移地認為，一家偉大的企業應該是某種樣貌，人們對偉大的企業也有著各種想像和預設。但是柯林斯發現，現實與想像截然不同，他將人們這種不符合實際情況的想像歸納成 12 條「迷思」。

第一條:「偉大的公司依靠偉大的構想起家。」柯林斯發現,想透過偉大的構想起家,或許是個壞主意,因為在他選取的這18家「高瞻遠矚的企業」之中,並沒有幾家在創業時就有著偉大的構想,甚至還有幾家企業在一開始時就接連犯錯。比如前文提到的索尼公司,在創業之初就因為產品問題屢屢受挫。相較於對照公司來說,不少「高瞻遠矚的企業」在成立伊始的成績並不樂觀,但是這些企業卻獲得了「長跑比賽」的勝利。

第二條:「偉大的企業需要傑出而眼光遠大的魅力型領導者。」魅力型領導者,主要是指那些在公司發展過程中表現出極大的恆心與毅力、能夠克服重重障礙、具有極強人格魅力的領導者。柯林斯發現,在「高瞻遠矚的企業」的歷史中,一些最出眾的執行長,並不具備這樣完美、知名度高、極具魅力的人格特質,柯林斯說道:「要成功地塑造高瞻遠矚的企業,絕對不需要知名度高的魅力型領導風格。」

至此,柯林斯歸納出了一個企業管理方面著名的發現「造鐘,而非報時」。他發現,許多「高瞻遠矚的企業」的創辦者通常是製造時鐘的人,而不是報時的人。這些「造鐘人」專心致志地製造著鐘錶,建立了一個有力量的組織,而不是追求看準時機「精確報時」,再進入市場獲利。正如美國建國時期的先賢一般,他們致力於建立一種宏大而持久的制度,而非刻意成為偉大的領袖。

第三條:「最成功的公司以追求最大利潤為首要目的。」利潤是企業生存下去的必要條件,但柯林斯發現,這18家「高瞻遠矚的企業」裡有17家企業並不以利潤為首要目的,而是將企業的理念或者理想作為驅動力,這反而比那些以利潤為驅動的對照公司能賺得更多。比如惠普前任執行長約翰·楊(John Yang)曾說:「利潤雖然重要,卻不是惠普存在的原因,公司是為了更基本的原因而存在。」

第四條：「偉大的企業擁有共通的『正確』價值組合。」柯林斯指出，就「高瞻遠矚的企業」而言，沒有放之四海皆準的「正確」價值組合，畢竟兩家公司可能擁有截然不同的觀念與準則，但是它們同樣能成為「高瞻遠矚的企業」。有些公司，譬如嬌生與寶僑，把服務顧客作為公司的核心理念；索尼與福特卻並非如此，索尼注重文化與創造，福特則強調員工的努力。

第五條：「唯一不變的是變動」其實，「高瞻遠矚的企業」很少變動，因為它們常常是虔誠地維護著企業的核心理念，而這種核心理念既是燈塔也是發動機，因為核心理念能夠保證企業在百餘年的漫漫征程中不迷失方向並保持動力，任世界風起雲湧，依舊保持初心與韌性。比如，在惠普的核心理念裡，尊重和關心每一位員工是恆久不變的一部分，不論公司如何轉型，關心員工的觀念不會改變。

第六條：「成績優異的公司得事事謹慎。」在我們普通人看來，「高處不勝寒」，處於高位的人或者組織都應該謹小慎微才對，所以那些「高瞻遠矚的企業」也應該是嚴肅而保守的。其實不然，柯林斯發現，「高瞻遠矚的企業」常常勇於追求大膽的目標。波音公司時常選擇孤注一擲進行突破，從開發波音707、波音727飛機開始，直到賭上身家性命開發波音747飛機，這是波音史上最大膽的行動，結果顯然是成功的。

第七條：「高瞻遠矚公司是每一個人的絕佳工作地點。」從世俗眼光來看，年輕人進入所謂的「大公司」工作是明智的選擇。值得注意的是，根據第五條「迷思」來看，「高瞻遠矚的企業」會極力主張自己的理念並牢牢守衛它。因此，只有極度符合自家公司核心理念與標準的人，才能適應，甚至感受到快樂，這近乎一種教派性質的文化。比如，沃爾瑪的執行長曾透過電視帶領十多萬名沃爾瑪員工進行宣誓，要求員工遵守服務準則。

第八條:「最成功的公司的最佳行動都是來自高明、複雜的策略規劃。」對於這一個觀念,柯林斯直接指出:「高瞻遠矚的企業的最佳行動都來自實驗、嘗試、錯誤和機會主義。」顯然,這句話十分有違人們的認知,讓人們難以接受。但經過科學的研究,柯林斯發現,高瞻遠矚的企業獲得的成就更多來源於嘗試錯誤。說正確一點,這些企業是靠「機遇」,並非一開始就做出了長遠的規劃。柯林斯將這種在嘗試錯誤中進步的過程,稱為「演化式進步」。這個過程中,企業與環境的關係更像達爾文在「演化論」中描述的那樣,環境會變化,生物主體也會進行主動或是被動的改變,從而不斷演化。也就是說,企業在嘗試錯誤中更容易適應環境,從而實現「有目的的演化」,朝著理想前進。

第九條:「要刺激企業進行根本性變革,就應該聘請外來的執行長。」柯林斯在對18家「高瞻遠矚的企業」的歷史進行研究後發現,在18家企業總計1,700餘年的歷史中,只有4位執行長是外聘的,而且這一個現象也只在2家企業中出現過。透過對照實驗發現,「高瞻遠矚的企業」的執行長自行培養率是對照企業的6倍,這一個現實足以說明,企業自己培養出來的領導人也可以帶領企業進行重大革新。

第十條:「最成功的公司最注重的是擊敗競爭對手。」這一項觀點很容易在競爭激烈的市場環境中產生,但是我們不得不發問,擊敗對手就意味著成功了嗎?事實上,這僅是一個自我成長與蛻變後的附帶結果。「高瞻遠矚的企業」只會把注意力放在自己身上,追求戰勝自己、超越自己,它們會逼問自己:「如何改進才能使明天比今天更好?」它們會忘記成就,忘記對手已在身後,並且從不認為自己已經足夠好了。

第十一條:「魚和熊掌不可兼得。」柯林斯發現,「高瞻遠矚的企業」並不會陷入「二分法」的困境中。也就是說,這些出眾的企業能夠以一種

極其包容的態度與方法,去處理一些看似矛盾的企業管理命題。比如,通常人們會認為選擇了穩定發展就不能選擇進步;要求教派般的文化統一就不能有個人自主權;要選擇保守就不能追求大膽的目標,等等。然而,在「高瞻遠矚的企業」看來,這些命題並不矛盾,而是總能包容並蓄的。

第十二條:「企業高瞻遠矚,主要依靠『遠見宣言』。」這一項「迷思」更是一種對「高瞻遠矚的企業」的誤會。柯林斯解釋說,這些「高瞻遠矚的企業」之所以能夠躋身偉大公司之列,不是因為發表了「遠見宣言」,雖然它們通常會有類似的聲音發布出來。其實,在「高瞻遠矚的企業」的建設過程中,宣言是有必要且有用的一項工作,但這僅是萬里長征的一小步而已。

24 《朱蘭品質手冊》：旺盛持久的命脈

品質管制的領軍人物 ——
約瑟夫・朱蘭（Joseph M. Juran）

約瑟夫・朱蘭（1904～2008）出生於羅馬尼亞的一個貧苦家庭，1912年隨父親移民美國，1917年加入美國國籍，擁有工程和法學學位。1924年，朱蘭大學畢業，隨後被西部電氣錄用，在霍桑工廠開始接觸品質工作。第二次世界大戰期間，朱蘭被借調到美國政府的「租借管理統計部」工作，為戰爭出力。1951年，朱蘭出版了《朱蘭品質控制手冊》（*Juran's Quality Control Handbook*〔1999年改名為《朱蘭品質手冊》〕），這本書被譽為「品質管理領域的聖經」。1957年，朱蘭在日本舉辦了主題為「工業工程，組織、策劃與控制，新產品開發」的講座。1953至1987年，日本科技聯盟9次邀請朱蘭來訪，並設立了「朱蘭獎」（後更名為「日本獎」）。

約瑟夫・朱蘭

朱蘭一生共獲得了來自14個國家的50多種嘉獎和獎章，如日本「二等旭日勳章」、美國國家技術勳章等。1979年，朱蘭建立了朱蘭有限公司，後更名為朱蘭研究學院（後轉型為諮詢公司）。同時，朱蘭又成立了朱蘭基金會，不久將這個基金會轉移給明尼蘇達大學，設立了「朱蘭獎學金」。

一、為什麼要寫這本書

品質管制的發展大致經歷了三個階段，依次是品質檢驗階段、品質統計階段和全面品質管制階段。

(一) 20 世紀初期至 1930 年代的品質檢驗階段

這個階段的代表人物是美國「科學管理之父」腓德烈‧溫斯羅‧泰勒。泰勒解決了工人集生產與檢驗於一身的狀況，在品質檢驗方面主張以事後檢驗為主，並開創了「三權分立」的品質檢驗模式，也就是計劃設計、生產操作、檢驗監督都由專人負責，促進了品質管制的發展。

泰勒提出，檢驗人員要根據技術標準、圖樣，利用各種檢驗手段來進行檢驗，並作出判斷，合格的產品就可以交付使用者，不合格的產品就要報廢或者降價處理給願意接受的使用者。這一階段的品質管制，單純依靠生產後的檢驗來區分合格與不合格產品，雖然在保證產品品質方面有一定的成效，但也出現了很多問題。比如由於生產過程中預防不完善，發現不合格產品時往往無法補救，各個部門容易推諉塞責。同時隨著生產量的增加，事後檢驗量急遽加大，無法保證全數檢查，檢驗的時間和經濟成本也極為不合理。

(二) 1930 年代至 1950 年代的品質統計階段

第二次世界大戰初期，許多美國民用生產公司開始生產軍用品，所以在當時歐洲戰場上炮彈膛炸的事故層出不窮，影響了士氣及美國的聲譽。為此，美國軍政部門組織了一批專家和工程技術人員，於 1941 至 1942 年先後制定並公布了幾本小冊子，強制生產武器彈藥的廠商推行，並獲得

了顯著的效果。這三個檔案以美國「統計品質管制之父」沃特・安德魯・休哈特（Walter Andrew Shewhart）、美國學者哈羅德・F・道奇（Harold F. Dodge）和哈里・G・羅米格（Harry G. Romig）的品質理論為基礎。

其中，休哈特提出了統計過程控制理論，並發明了可操作的品質管制圖。休哈特主張品質檢驗最重要的是在發現品質問題之前進行預判，並及時進行分析和整治，而不是只進行事後檢驗和補救，這樣可以在相當程度上避免不合格產品的生產和資源的浪費。值得一提的是，休哈特還提出了PDCA循環（Plan-DoCheck-Act），這個循環就是策劃－實施－檢查－處置循環，是後文將要提到的全面品質管制的思想基礎和方法依據，這個理論後來被美國「現代品質改進之父」戴明採納和傳播，最後得以普及，故又稱「戴明環」。

此外，道奇和羅米格發明了用於對批次產品進行計數抽樣的「道奇－羅米格表」，在工業產品的抽樣檢驗工作中被廣泛應用，幫助負責品質檢驗的工作人員減少了工作量，提升了檢驗效率。戰後，企業開始轉型民用生產，並將科學的方法繼續沿用下來。處於品質統計階段的品質管制，利用數理統計原理對產品進行品質控管，責任者由檢驗員轉移到品質控制工程師和技術人員身上，但是由於此階段對統計方法的極端利用，產生了「品質管理就是運用數理統計」的誤導，未能考量到影響產品品質的全部因素，結果造成反效果，既未能充分發揮數理統計的作用，又影響了管理功能的發揮。

（三）1960年代至1980年代的全面品質管制階段

隨著生產力的發展，科學技術和社會經濟不斷進步，人們對產品品質的要求也在提高，而統計品質管制自身的局限性日益突顯，已不能滿足品

質控制的需求，於是全面品質管制拉開了帷幕。全面品質管制階段在前兩個階段的理論基礎上進行了昇華整理，把品質管理滲透到產品生產、形成、使用、售後的各個環節，其核心特徵突顯三個「全」字，也就是全員參與的品質管理、全程的品質管制和全面的品質管制。

在這一階段，數理統計方法只是其中的一個方面，而不是全部。根據PDCA循環理論，全面品質管制一般分為四個階段。

- 第一階段是計劃階段，又稱P階段，即透過市場調查、使用者訪問、國家計劃指示等，確定品質政策、品質目標和計畫。
- 第二階段是執行階段，又稱D階段，就是實施P階段所規定的內容。
- 第三階段是檢查階段，又稱C階段，就是在產品生產過程中或生產完成之後，檢查執行的情況。
- 第四階段是處理階段，又稱A階段，就是根據檢查結果，採取措施、汲取教訓。

PDCA循環分為四個階段，組成一個大圈，每一個部門也有自己的PDCA循環，組成企業大循環中的小圈，循環往復，共同為品質管制服務。

品質管制的發展經歷了品質檢驗階段、品質統計階段和全面品質管理階段的更迭，在時代的洪流中不斷創新改革，應勢而為，直到今天擁有了比較成熟的品質管制系統，《朱蘭品質手冊》就是在這樣的變革之下產生的卓越著作。

二、分析對象：企業的生命 —— 品質

「品質」有兩個非常重要的含義。

- 一是「品質」意味著產品能夠滿足顧客的需求，從而使產品具備顧客滿意的特徵，具體措施包括提升顧客滿意度、使產品暢銷、應對競爭要求、增加市場占有率、提高銷售收入、賣出較高的價格、降低風險等。

- 二是「品質」意味著不能有不合格的產品，就是沒有那些需要重製或會導致現場失效、顧客不滿、顧客投訴等不良結果的差錯，具體措施包括降低差錯率、減少重製和浪費、減少現場失效和保養維修費用、減少顧客不滿、縮短新產品上市時間、提高產量和產能、改進交貨績效等。

朱蘭指出，根據「品質」的第一層含義，產品要根據顧客的需求進行設計，並且剔除次級品，以保護顧客的基本權利。要達到這個目的，就要站在顧客的角度衡量品質，把工作目標放在正確理解客戶的需求上，在這個基礎上，將品質、成本等進行綜合考量。「品質」的第二層含義，其實可以追溯到古代中國的中央政府，他們很早就建立了獨立的部門去制定和維護品質標準，以保證品質優良，避免出現不合格的產品。

那麼「品質」在現代企業管理和發展中重不重要呢？1950 年代，日本工商業開始復甦，朱蘭在日本進行演講的時候，來聽培訓的往往都是日本的高級企業管理人員。而在西方，朱蘭的聽眾主要是一些工程師和品質監督人員。因此，朱蘭認為，美國的工業界在戰後逐步落後的原因有兩個。

- 一是美國工商業的管理階層過於注重財務指標,而忽視了品質管制的重要性。
- 二是美國工商業對亞洲競爭對手的輕視,忽略了競爭對手的創新和崛起。

由此可見,品質對於一個企業來講,有著關乎生死存亡的重要性。

總之,隨著市場競爭的日趨激烈,顧客的需求越來越高,企業想要保持旺盛的生命力和良好的經濟效益,就要努力控管品質,把品質放在首要位置,建立一個科學完整的品質管制系統。

三、核心思想:品質三部曲

朱蘭將「品質三部曲」稱為「一種普遍適用的品質管制方法」,「品質三部曲」就是品質計畫、品質控制、品質改進三個過程所組成的品質管制,且每一個過程都有一套固定的執行流程,這對於現代企業的品質管制工作來說,具有非常重要的指導意義。

(一) 品質計畫

「品質計畫」指的是開發產品的一個結構化過程,這裡的產品包括貨品和服務,開發產品的目的是確保最終結構滿足顧客的需求。我們可以將品質計畫看作一個制定品質目標,並為實現品質目標做準備的策劃過程。品質計畫的最終結果是能在符合要求的條件下實現品質目標、滿足客戶需求,具體方法是設立項目、辨識顧客、確立顧客需求,開發具有滿足顧客需求特質的產品,建立產品目標,開發流程,滿足產品目標,確認流程能力。

品質計畫與傳統計畫的不同之處在於，傳統計畫是某個人在不了解整體性的情況下，自行制定的計畫，然後傳達給下一個部門，這種計畫往往會產生很多的漏洞，與顧客的實際需求脫節。而品質計畫是由多部門同時進行，包括所有最終與生產和服務相關的人員，這樣他們就能在計劃的過程中，提供相應的成本資訊，還能對可能出現的問題提出預警。

(二)品質控制

　　朱蘭認為，品質控制對於事物的運作而言是一個普遍的過程，它提供穩定性，就是防止負面改變並「維持現狀」。為維持穩定性，品質控制過程對實際績效加以評估，將之與目標進行對照，並採取措施消除兩者的差異。從實務上來看，「品質控制」就是制定和運用一定的操作方法，利用各種回饋機制，在經營中達到品質目標的控制過程，以確保各項工作按原設計方案進行並最終達到目標。

　　朱蘭強調，品質控制不是一個優化過程，而是對計畫的執行過程，不是檢驗到產品出現問題時進行控制，而是透過品質管制工具，監控到將要出現的不合格產品和危機，及時分析原因並制定調整策略，防止問題的發生。所以，品質控制是「三部曲」中不可或缺的重要環節。此外，朱蘭指出，優化表現在品質計畫和品質改進階段，如果品質控制過程中需要優化，就必須回過頭去調整計畫，或者轉入品質改進。

(三)品質改進

　　朱蘭指出，品質改進是使效果達到前所未有的水準的突破過程。從這句話可以看出，「品質改進」要追求的是突破和提升，而「品質控制」要求

的是維持或保證品質水準。也就是說，品質控制是品質改進的前提。

朱蘭強調，兩種情況下所獲得的成果可以稱之為「品質改進」。

- 一種是旨在增加營收的品質改進，目的是為本組織和顧客在滿足基本需求的基礎上提供增值效益。
- 另一種是減少導致慢性浪費的品質改進，目的是增加生產過程的產出，減少工作的差錯率和故障。

品質改進本身也是一個 PDCA 循環。既然品質改進就是突破，那麼必然會面臨來自各方面的阻力，在這個過程中，如何及時衝破阻力、排除產品的品質缺陷並保證產品品質增值，是實現創新突破的前提。

品質三部曲中的三個步驟，既相互區別，又相互連繫，是目前實現品質目標最成功的和實用性最廣泛的理論框架。當然，它還需要務實創新、強力支持的管理環境作為基礎，否則便不能發揮出它的實際作用。朱蘭的「品質三部曲」作為一個行之有效的通用方法和框架，為品質目標的實現提供了一條簡便有效的途徑。

四、現實影響：汽車產業中的品質管理

20世紀中後期發生了兩個重大轉變，提升了汽車產業的品質意識水準。

- 一是越來越多地利用統計方法和資料來研究顧客的需求，而不只依靠顧客的意見。
- 二是汽車製造商與汽車主要供應商之間的關係日漸緊密，製造商與供應商共同參與了對方的設計、規劃以及品質改進的機制，使二者形成一種命運共同體的關係。

這些都對汽車產業的品質改善有著十分重要的影響。

汽車產業中的品質主要展現在三個方面，即產品品質、生產品質與擁有品質。

- 產品品質就是產品完成規定功能的整體能力。
- 生產品質就是在符合產量及成本目標的情況下，按照設計生產一致性的品質的能力。
- 擁有品質就是指顧客在其擁有產品的整個壽命週期內，獲得滿意的整體能力。

在產品規劃方面，要從市場調查出發，預測出顧客的購買趨勢，從而制定長期規劃。其中，評審是產品規劃的一個關鍵步驟，承擔著辨識和確認涉及安全和關鍵特性是否符合要求的責任。評審之後，就要進行測試和全面的評估，通過之後才能進入生產準備階段。

在供應商管理方面，首先要進行供應商選擇和控制，然後按照計畫進行製造和檢驗。其中，生產線內的檢驗員和最終檢驗員，在汽車製造業中一直是重要的組成人員，他們可以防止生產過程中出現不合格的產品，避免造成損失。

日益激烈的市場競爭熱潮，對於整個汽車產業來說存在著巨大的考驗。只有堅守高品質的產品和高品質的生產標準，嚴格遵循科學的品質管制流程，才能度過產業競爭的洗禮。

企業持續成長的命門

發展策略的核心

25

《追求卓越》：
62家卓越公司的成功經驗

西方的「商界教皇」──湯姆・彼得斯（Tom Peters）

湯姆・彼得斯（1942～），出生於美國馬里蘭州，1974年畢業於史丹佛大學，畢業後進入麥肯錫工作。

1977年，他被分配到麥肯錫的「卓越公司」專案組工作，這個項目開啟了彼得斯的研究生涯。1982年彼得斯出版了《追求卓越》（In Search of Excellence），歸納出卓越企業成功的8條法則，《追求卓越》一書也被評為「20世紀最頂級的三本商業著作之一」。

湯姆・彼得斯

此後，彼得斯又出版了《亂中取勝》（Thriving on Chaos）、《解放型管理》（Liberation Management）等著作，進一步奠定了他在管理學界的地位。彼得斯著作頗豐，而且每一部著作都是具有世界影響力的暢銷書。彼得斯在美國乃至整個西方世界被稱為「商界教皇」，《財星》雜誌把他評為「管理領袖中的領袖」。彼得斯的著作還被全球多所大學作為MBA教材。

一、為什麼要寫這本書

新冠肺炎疫情初期，防護能力比較好的 N95 口罩非常稀缺，其中又以 3M 公司生產的口罩最為稀缺。根據統計資料顯示，在疫情之前，3M 口罩的市場占有率就占到九成左右。實際上，3M 公司是全球領先的跨國製造業巨頭，它建立於 1903 年，在全世界近 200 個國家和地區銷售約 55,000 種產品，涉及材料、電器、建築、能源、醫療等多項領域。3M 口罩只是 3M 公司眾多優秀產品中的一種。根據估計，全世界 50% 的人都或多或少地接觸過 3M 公司的產品，有名的產品包括口罩、便利貼、膠帶等。3M 公司也因其創新能力連續 10 年名列「世界最創新的公司」前 5 名。

那麼問題來了，3M 公司是如何成功的呢？3M 的創新祕訣是什麼呢？我們能從 3M 公司的成功中學到什麼呢？彼得斯也在思考這些問題，他的問題是：卓越的公司是如何發展的？這些經驗能不能用來指導追求卓越的公司？為了回答這些問題，1982 年彼得斯寫下了這本《追求卓越》，深入探討卓越管理的本質，為人們揭示了那些卓越企業的特質和管理經驗，並且進一步提出如何在學習卓越管理的經驗之上持續推動管理理念的變革。可以說，這本書為我們揭示了卓越企業的成功密碼，推動了卓越管理的發展。

彼得斯透過訪問美國 62 家卓越公司，歸納卓越公司的成功經驗，提出卓越公司的八個特徵。彼得斯認為，要恢復管理學的基本面貌，賦予那些被管理學家視而不見，但是在實務中表現出強大生命力的東西以應有的地位。

二、卓越的定義：良好績效、業界推崇和重視創新

什麼樣的公司才能稱得上是卓越？在回答這個問題之前，彼得斯首先揭示了一般公司管理中的一個失誤。

彼得斯認為，大公司過於重視規範性的工作，壓抑了公司的創新能力。面對新問題，大公司的一般做法都是迅速擬定一個新策略，可能還會涉及組織調整。彼得斯指出，這種調整只是把組織結構圖中的方塊搬來搬去，結果還是什麼都沒有改變。更大的問題在於，每個人都心知肚明，大公司要維持重要的地位以及創新能力，只靠策略、計畫、預算和組織調整是遠遠不夠的，但是實際採取的行動總是停留在調整組織、調整策略的層面。這就導致企業無法應對外部挑戰，最終陷入「越改越亂」的惡性循環。

彼得斯認為，我們需要學習那些卓越公司的經驗來避免這種惡性循環。透過走訪調查，彼得斯歸納出卓越公司的三個特質。

第一個特質：卓越公司往往有著良好的績效。

誠然，無論商界如何追捧和推崇，卓越公司都需要引人注目的財務績效作為後盾，否則就稱不上真正的卓越。彼得斯認為，企業的資產成長率、淨值成長率和資本回報率等指標都要處於企業所在產業的前50%。而且企業要在長期成長指標以及財務狀況的絕對指標中有突出的表現，才稱得上是卓越企業。前面提到的3M公司就在其所在的產業處於前50%，而且3M公司的長期財務表現良好。

第二個特質：卓越公司往往被業界推崇。

任何成功的公司都需要業界的認同和關注，卓越公司往往更受媒體、商人、管理學家的關注。彼得斯指出，卓越公司主要是大型企業，他們的

年營業額都不低於10億美元，企業歷史基本上都超過了20年。這些公司往往是其領域的巨頭，比如麥當勞、萬豪酒店、達美航空等。

第三個特質：卓越的公司往往重視創新。

彼得斯研究發現，那些被業界推崇、有著良好財務績效的公司往往也非常重視創新，他們經常推出領先業界的產品和服務，而且他們對市場變化的響應速度非常快。同時，這些企業重視創新的文化和行動往往被外部環境和產業專家所認可。

三、追求卓越的前提：理性模式、人性激勵和管理模糊

任何管理模式的背後都有一定的管理理念。彼得斯認為，在我們對管理模式進行創新和變革之前，有必要先革新傳統的管理理念。彼得斯認為，需要在理性模式、人性管理、管理模糊三個方面對管理理念進行變革。

(一) 傳統的理性模式

彼得斯認為，傳統的理性主義管理占據著管理科學的主流。這種理性模式認為，訓練有素的專業經理人可以管理一切，所有的決策都是透過客觀分析所做的判斷，這種觀點看似正確，卻足以讓人犯下致命的錯，受到嚴重的誤導。這種理性模式有三個方面的缺陷。

- 第一，理性模式忽視了數字背後的意義。數字分析可以幫助企業精準分析問題，對市場做出良好的分析判斷。但是複雜無用、錯誤僵化的數字分析會阻礙公司的發展。在市場還不明朗的時候，貿然做出方向錯誤的數字分析可能會導致公司錯失良機，比如在電腦發展初期，大

量的市場研究指出電腦市場只有 50 至 100 臺的需求量，這就導致很多公司放棄了這個極富潛力的市場。

- 第二，理性模式往往缺乏遠見。彼得斯指出，專業經理人的出現讓公司高階主管喪失了對公司業務的預見能力，高階主管不再與供應商、顧客、技術部門打交道，而是沉浸在財務和法務領域。企業高階主管過於看重投資的回報和財務表現，而不再對具有潛力的產品投入精力和關注，企業也就逐漸喪失了創新的動力。
- 第三，理性模式容易脫離實際。彼得斯認為，理性模式重視計畫和制度的傾向讓管理者過於關注研究和計畫工作，忽視了行動的重要性。管理者遇到問題時不再去積極行動解決問題，而是坐下來召開漫長的會議，發表詳細的規劃，結果就是企業在無數的規劃中無所適從，裹足不前。所以彼得斯得出結論：理性模式會讓人們脫離實際、缺乏遠見、忽視人的重要性。

(二) 錯誤的人性管理

彼得斯認為，人類本身是衝突和矛盾的綜合體。追求卓越的公司往往要關注人性的矛盾之處。比如，雖然大部分人都十分普通，但是人人都喜歡聽讚美自己獨特的話。雖然我們強調理性的重要性，但是研究發現大部分人在做決策的時候，理性和非理性都發揮著同樣重要的作用。雖然人們對外在的獎懲非常敏感，但是人們的內在動機的影響也同樣重要。

彼得斯指出，面對錯綜複雜的人性衝突，管理者常常在訊息、正面激勵、組織環境三個方面犯錯，具體表現在以下幾點。

- 第一，訊息沒有化繁為簡。人類本身不擅長處理大量的資訊和訊息，實際上，大部分的人只能同時處理六、七件事。但是在一個龐大的企業組織中，隨著公司人數的增加，每一個員工需要處理的事件量也會增加。如果公司裡只有 10 個人，那麼一對一互動的關係就有 45 種。員工增加到 1,000 人，關係就激增到 50 萬種。在這種情況下，大型企業迫切需要新的結構將訊息化繁為簡。
- 第二，沒有正面激勵。彼得斯認為管理者過於重視負面激勵的作用，忽視了正面激勵的重要性。實際上，雖然負面激勵和正面激勵都會讓人改變行為，正面激勵的效果往往更加理想。比如，如果某一間飯店因為接待顧客不周而懲罰員工，員工就會害怕和顧客接觸，甚至開始逃避顧客，因為他們不知道如何才能讓顧客滿意。如果反過來說，某位顧客讚揚飯店員工非常周到熱情，這種正面激勵可能會讓員工表現得更加出色，因為員工學會了獲得讚揚的具體行為模式，也滿足了員工的自我成就感。
- 第三，沒有良好的組織環境。彼得斯認為，組織環境應該重視為員工尋找意義，為企業創造價值，在這個過程中生產出優質的產品，而不是只關注財務表現和股票市場。

那些把員工看作「螺絲釘」的公司往往沒有偉大的成就，因為他們沒有充分開發員工的潛力和創新能力。

整體而言，彼得斯認為錯誤的人性管理會讓組織複雜僵化、缺乏潛力。

(三) 忽視管理模糊

彼得斯認為，理性主義的管理理論非常直接，這種理論認為管理中不存在模糊和矛盾之處。但問題在於真實的世界並非如此，不但不存在純粹的理性主義，而且組織文化的塑造也會對理性主義的管理提出挑戰，具體表現在兩個方面。

- 理性前提的消失。傳統的理性主義認為，無論如何，人總是存在著一個穩定的理性偏好，管理者可以利用這種偏好來實現自己的目的。但是著名的霍桑實驗指出，在一個工廠裡，無論管理者在管理方面做出什麼樣的改變，只要員工感受到管理者的關注，工作效率就會提高。這讓人開始質疑「理性人假設」。人似乎不是以自己的利益最大化為理性基礎，對人的關注可以讓人的行為產生改變。也就是說，「理性人假設」不再是固定不變的，而是隨著外部環境的變化而變化。這就直接導致理性主義管理的破產。既然人的穩定理性並不存在，那麼建立在其上的理性主義管理也就失去了效果。
- 組織文化的塑造。可能有人會問，企業不是以賺錢為第一位嗎？那麼組織文化在企業中的地位如何呢？根據彼得斯的研究，只強調利潤的企業，其利潤表現並未超出追求各種價值觀的企業。在彼得斯所處的時代，雖然管理理論中很少提到價值塑造和公司文化，但是大量卓越公司的執行長認為，企業文化和共同價值觀對於公司的整合相當重要。透過組織文化的塑造，組織能夠創造出一個鼓勵創新的組織環境。

整體而言，彼得斯認為管理中存在著大量的模糊地帶，包括變動不居的「理性人假設」、組織文化的影響等多個方面。忽視這些模糊地帶的存在會導致管理走向失敗。

四、邁向卓越的特質：
價值導向、方向定位、人力特質和組織特質

具體來說，那些卓越公司是如何邁向成功，並在數十年裡一直保持卓越呢？彼得斯透過調查研究，歸納出邁向卓越的八大特質，分別是採取行動、親身實踐、堅持本業、接近顧客、以人為本、寬嚴並濟、組織單純、自主創業。簡而言之，可以將這八項特質整合為四個方面：價值導向、方向定位、人力特質和組織特質。

(一) 價值導向

彼得斯認為，卓越組織中的價值導向非常重要，這包括重視採取行動和強調實踐兩個方面的內容。所謂重視採取行動，是指卓越企業往往非常重視行動而不是計劃。這就像科學實驗，企業要多嘗試開發新產品，整合經驗，然後再嘗試，從而形成一種良性循環。比如在 3M 公司，管理者鼓勵不同部門的員工以聊天的方式來討論問題，這種討論往往涉及業務、行銷、研發、會計等多個部門。在這種非正式的會議中，員工可以建立小組進行業務，無須透過複雜的部門規章和手續。彼得斯指出，這種重視行動的組織設計幫助 3M 公司以最快的速度將創新的想法推進到開發階段，從而產生富有競爭力的新產品。

強調實踐指的是卓越公司更加關注管理階層和一線工作人員的互動，管理者參與一線工作之後，才能制定出符合現實、成本低廉的工作方案。比如嬌生公司的管理者在參觀調查一線工作人員的工作環境之後，他們發現工廠中的急救設備總是分散在不同的地方，這讓急救行動變得十分緩慢。於是他們推出了將多種急救設備整合在一起的急救包，這些急救包不

但在工廠內部使用，還在市場上進行推廣，結果大受好評，直到今天，嬌生公司還是北美地區急救包的代名詞。

(二) 方向定位

彼得斯提出，那些時至今日依舊保持領先地位的公司，在自己的發展定位和發展方向方面十分堅定。他認為，卓越公司往往堅持本業，而且在本業有很深的累積，對於多元化經營往往十分謹慎。比如波音公司就專注於客機市場，其90%的營收都來自客機。德州儀器公司更是主動放棄了價值10億美元的電子鐘錶生產線，以保持自己的主營業務得到足夠的資源投入，始終處於領先地位。

除此之外，彼得斯認為那些重視顧客、聆聽顧客意見的公司往往走得更遠。卓越企業往往熱切地追求品質、可靠程度、服務等與顧客滿意度息息相關的指標。比如IBM公司就要求在24小時之內解決顧客申訴的案件。曾經有一位美國客戶的伺服器出現問題，IBM在幾個小時之內從歐洲、加拿大、拉丁美洲調集了八位專家來幫助這位客戶。之後，這位顧客最終成為IBM的忠實粉絲。據此，彼得斯指出，IBM的產品並不是完美無缺的，也會出現各種問題，但是IBM的顧客都十分認同他們服務的品質和可靠度，最終IBM也透過這種方式與顧客建立起信任，促使IBM公司不斷發展壯大。

(三) 人力特質

彼得斯認為，對於卓越企業來說，人力是一種不可或缺的資產。也就是說，卓越公司的管理過程非常重視以人為本。這方面最好的例子是達美航空。在達美航空，員工享有非常自由的工作氛圍，在公司有「家的感

覺」。這種對員工的關注也換來了公司資產的增值。1982 年，達美航空的員工團結起來，自願降低薪水總計 3,000 萬美元，好讓公司可以買下一架波音 767 客機。這充分展現了員工對於公司歸屬感的正面作用。

同時彼得斯指出，公司在管理過程中也要保持寬嚴並濟。「寬」指的是打造寬鬆自由的工作環境和工作許可權，讓員工享有極大的自由，自主做事。「嚴」指的是公司在少數幾個關鍵性指標上是非常嚴格的，比如核心價值觀和財務指標。比如在 3M 公司，員工可以自由組合，不斷推出創新產品，這能夠激勵組織內部的創新。同時，3M 公司內部有大量的實驗室，實驗室會對員工產出的產品進行嚴謹的測試，以保證產品的品質達到 3M 公司的要求，不會損害公司的形象。

(四) 組織特質

彼得斯提出，卓越企業總是維持著單純的組織形式。這種組織形式是一種基本單位，可以是小組也可以是部門。公司以此為基準建立框架，每個人都可以快速了解這個基本單位，從而高效地處理複雜的工作。比如，嬌生集團把公司分為 8 個獨立的部門集團，這些部門集團都稱為「公司」，他們的領導者都稱為「董事長」，雖然這些公司沒有自己的股票，但是這些公司都十分活躍，都積極地在自己的領域內開疆拓土。這樣的組織方式讓嬌生總部的管理人員大幅減少，進一步減少了營運成本。

另外，彼得斯認為自主創業也是組織特質方面的重要內容。一般來說，越是規模龐大的企業就越需要嚴格的規章制度，要充分避免內部競爭造成的資源浪費。但是那些卓越的企業不是這樣的，他們積極地分散權力和拓展員工自主的空間，讓員工的工作重疊，從而產生競爭，藉以培養組織內部的創新精神，以便不斷地推陳出新。

26

《策略與結構》：企業巨頭的前車之鑑

策略管理領域的奠基者
—— 小阿爾弗雷德・D・錢德勒（Alfred D. Chandler Jr.）

小阿爾弗雷德・D・錢德勒（1918～2007）出生於美國德拉瓦州，少年時期的他便表現出優異的文學天賦。錢德勒先後就讀於艾希特學院、北卡羅來納大學和哈佛大學。第二次世界大戰期間，他從哈佛大學學士畢業後，加入了美國海軍，服役期限為五年。第二次世界大戰結束後，錢德勒舉家重返哈佛研究所，開始了研究生求學生涯，於1952年獲得了哈佛大學歷史系博士學位，後任教於麻省理工學院。在麻省理工學院任教期間，錢德勒專注於學術，在1962年出版了《策略與結構》（Strategy and Structure: Chapters in the History of the American Industrial Enterprise）。該書經由對四家知名企業管理結構變遷的描述和分析，提出了分部制組織管理結構模式。《策略與結構》一經出版，便受到學界的廣泛關注，被稱為「錢氏三部曲」中的首部著作。錢德勒也因此被譽為偉大的企業史學家、策略管理領域的奠基者之一。

小阿爾弗雷德・D・錢德勒

隨後，錢德勒被聘往約翰霍普金斯大學執教。在約翰霍普金斯大學執教期間，他撰寫了《鐵路：美國的第一個大企業》（The Railroads, the Nation's First Big Business)，並參與了《艾森豪文集》(The Papers of Dwight David Eisenhower)的編輯工作。1971 年，錢德勒被哈佛商學院重新聘為企業史學教授。1977 年，他出版了「錢氏三部曲」中的第二部著作《看得見的手：美國企業的管理革命》(The Visible Hand: The Managerial Revolution in American Business)。1994 年，錢德勒出版了「錢氏三部曲」中的最後一部著作《規模與範圍：工業資本主義的原動力》(Scale and Scope: The Dynamics of Industrial Capitalism)。

一、為什麼要寫這本書

《策略與結構》是以詳細描述和分析 20 世紀初期美國四家典型企業的興起和發展史，來概括內部組織結構是決定企業維持永久競爭優勢和經濟擴張泉源的研究著作。

(一) 美國通用汽車公司

1908 年，美國通用汽車的創始人威廉・杜蘭特（William C. Durant）想要將當時美國汽車工業數百家公司合併，但最終以福特公司要價太高而以失敗告終。同年，杜蘭特在別克汽車公司和奧茲摩比汽車公司的基礎上，成立了通用汽車控股公司（General Motors, GM）。接著，通用汽車公司在不到兩年的時間裡收購和兼併了 20 多家汽車公司，並在華爾街投資評級上逐漸名列前茅。在通用汽車公司獲得成功後，杜蘭特於 1911 年開始大規模地收購公司，並在各地建設工廠，用來擴大經營版圖。然而，由於一味擴張，忽略了管理，加上沒有必要的現金儲備，通用汽車公司被競爭對手福特公司擊敗，陷入了嚴重的虧損中。為了使公司安全地渡過危機，公司財團要求杜蘭特辭職，讓他離開了自己一手建立的公司。直到 1916

發展策略的核心

年,杜蘭特重奪股權,第二次執掌通用汽車公司。但好景不長,杜蘭特依然只熱衷於擴張,而不去協調各經營部門之間的關係,也不對公司發展做整體規劃,偌大的公司一人獨大,最終導致公司再次面臨危機。1920年,杜蘭特再次失去了總經理寶座。

此時,美國專業經理人艾爾弗雷德‧普里查德‧斯隆接手了當時敗落的通用汽車公司。他發現通用汽車公司在管理上的缺失,於是著重建立新的管理組織系統,也就是為人稱道的「斯隆管理模式」。經過斯隆對通用汽車公司內部管理結構的大膽改革,通用汽車公司形成了這樣的管理格局:總部只負責長期策略規劃和決策,不負責日常營運,權力被下放到各個分部,實行分部自主管理,並在公司額外增設參謀部門,為總部提供決策支持,也為分部提供建議。

經過斯隆的改革創新後,通用汽車的產量逐漸上升,超越了沒有進行內部管理結構改革的福特公司,市場占有率一度霸占世界首位。當時,被聘為通用汽車公司管理顧問的彼得‧杜拉克,正是在此期間對其管理方式和過程進行了學習與整理,最終出版了他的首部著作《企業的概念》。

(二) 杜邦公司

杜邦公司曾名列美國《財星》雜誌「美國最受讚賞的公司」排行榜化學公司類的第一名。

杜邦公司的創始人是皮埃爾‧杜邦(Pierre Samuel du Pont)。西元1802年,皮埃爾‧杜邦從法國移民到美國德拉瓦州後,開始建造火藥廠。西元1811年,火藥廠年產量達20萬磅,銷售額達12萬美元。由此,這個火藥廠成為美國最大的火藥生產商。1902年,公司總經理尤金‧杜邦(Eugene du Pont)去世,總經理的三個曾孫艾爾弗雷德‧杜邦(Alfred Victor du

Pont)、柯爾曼‧杜邦（T. Coleman du Pont）和皮耶爾‧杜邦（Pierre S. du Pont）共同買下了杜邦公司。此後，杜邦公司制定了新的發展計畫，並開始生產非炸藥類產品。

然而，隨著公司版圖的擴大和業務量的上漲，一些管理類問題也接踵而來。當時，皮耶爾‧杜邦說：「我認為要採取強烈的行動重組每一項工作。」正如《策略與結構》第二章裡所說：「重組提供了一個機會，由此可以把一個由許多較小企業組成的鬆散聯盟轉變為一個統一的、整體化的並且是集權管理的工業企業。」在建立中央集權的管理結構過程中，杜邦公司也同時創設了多部門結構，每一個部門分擔著不同的職責，如發展部、法律部、材料部、財務部等。為了保持各部門、各層級之間的有效溝通，每一個部門都會定期進行交流彙報會議，就近期工作內容進行互動。

（三）紐澤西標準石油公司

紐澤西標準石油公司也遇到了和通用汽車公司、杜邦公司類似的問題。紐澤西標準石油公司起初以煉製煤油為主，原油供應和產品銷售主要依靠其他企業。1920 年代，石油產品的市場需求結構隨著電力和汽油發動機的普及產生了巨大的變化，市場對煤油的需求量逐漸減少，對汽油、潤滑油和其他燃油的需求供應量急遽增加。為了適應市場需求的變化，紐澤西標準石油公司減少了煤油的生產，內部資源配置逐漸偏向石油業的其他部門。

但是紐澤西標準石油公司的單一管理結構已無法應對企業的新變化，雖然曾經有人提出進行管理組織改革的建議，但並未受到重視。直到 1925 年發生了存貨危機，在巨大壓力的迫使下，公司的管理階層終於實施了內部改革，擬訂組織重組方案，設立預算部和協調部。但這次改革並不徹

底,高階主管過多關注日常事務,忽略了企業策略的重要性,導致1927年原油生產過剩。

之後,領導階層開始放權,實施部門首長負責制,開始了「集權」向「分權」的轉變。

(四)西爾斯公司

西爾斯公司也進行過類似的組織結構變革。該公司一直在零售業享有盛譽,於1925年開始實施擴張,到1929年,店面增加到了三百多家。為了更妥善地管理數量龐大的連鎖店,公司開始重建地區辦事處,並發展管理分部,重新規劃企業策略,終於在1948年完成了多部門組織結構的公司類型的轉變。

錢德勒在這些研究中發現,這四家公司在發展擴張的過程中都遇到了瓶頸,其管理者都不約而同地對內部管理組織架構進行了改革創新,而且在未經仿效的情況下,重新規劃了企業策略,做出了分部制、分權制的結構調整,為企業的長遠發展注入了源源不斷的動力。從這個意義上來說,公司管理結構分部制,為保持企業的長期發展發揮了重要的作用。

錢德勒從這四家公司的企業歷史中歸納出具有一般性思考和實務意義的理論系統,即隨著企業的興起和擴張,多元化策略決定了內部組織管理結構也要隨之變動,由此創造了分部制管理結構。不過,在西方社會早期的企業史研究中,焦點集中在企業家、個別企業的研究上,這就造就了《策略與結構》的企業史研究與以往企業史研究的不同之處。

二、研究視角：企業發展史

錢德勒從歷史的視角，觀察企業興衰的歷程，發現企業的發展變化及其規律，從而概括出策略與結構是影響企業發展的根本的結論。

什麼是企業史？顧名思義，企業史就是企業的發展史，是歷史學的一個分支學科。每一個企業都有自己的發展史，既然是歷史，就要講求符合事實，堅持實事求是的科學態度。錢德勒客觀、詳細的描述四家公司的發展史，既總結了四家公司創業成功的經驗，也分析出了四家公司後期失敗的原因以及重整旗鼓的方法。

值得一提的是，錢德勒對早期企業史研究的創新之處在於，他不但客觀描述了四家企業的發展史，還融入了管理學、社會學、經濟學等學科的理論觀點。錢德勒集各大家思想於一體，呈現出明顯的跨學科研究視角，打破了企業史研究成果只能應用於企業史的壁壘。他的理論成果也為歷史學、管理學、社會學、經濟學等學科的發展做出了重要的貢獻。在西方學術界流傳著這樣一句話：「在企業史領域，B. C.（西元前）的意思是 Before Chandler（錢德勒之前）。」由此可見錢德勒對美國企業史學派做出的重大推進作用。

可以說，錢德勒並不是一名經濟學家或者管理學家，而是一位企業史學家，著重於研究企業發展的歷史，但是他在這本書中的研究一步步引出了管理中的重要問題，釐清了企業管理隱藏的邏輯，道出了企業管理結構的歷史變遷。企業史的研究方法提供了其他一般研究方法所不具備的經驗證據，以及在這些前人的經驗當中所歸納出來的一般性原理。

三、分析對象：艱難前進的美國企業組織變化

　　事實上，每一個企業在不同的發展階段都會根據收集回來的訊息回饋和資料，檢測策略的實施成效和預定目標之間的偏差，再重新調整策略部署以適應隨時發生的變動。同時，內部組織結構也要隨著策略的調整而加以改變，以此來共同維繫一個動態的、合理的組織系統。所以，錢德勒的分析對象就是動態變化的企業組織。

　　在資本主義經濟發展史上，錢德勒發現最先創造出多元化策略、分部制結構的公司是杜邦公司、通用汽車公司、紐澤西標準石油公司和西爾斯公司。這四家公司都是在相對獨立、互不知曉的情況下開始進行內部結構改革，這四家公司之間並沒有所謂的仿效，每一個企業所面對的問題都是處於當時特定的社會環境和獨特的企業內部結構的相互作用，但都不約而同地走向了改革之路。

　　管理者對企業面臨的困境進行深入剖析，發現了自身企業策略與結構之間的關聯，從而根據自身企業的經營狀況進行改革，所以每一家企業的改革方法在自身看來都是獨具創新的。也正是因為這個特點，錢德勒選取了這四家企業作為案例，來研究在重重壓力下的集權制企業向分權制、多部門組織結構轉變的原因和過程。

　　當一家公司從一個地區、一個市場領域，轉向不同地區、不同市場領域，進行多樣化發展的時候，問題和困難就會接踵而來。一旦內部組織結構跟不上發展的步伐，管理者的日常事務就會越加複雜，決策的多樣性和困難度都會增加，而管理者有限的精力、經驗和時間注定了他們根本無法有效地應對諸多繁雜的事務，企業就會因此面臨巨大的壓力。在這種壓力的迫使下，管理者開始尋求從日常的經營活動中解脫出來的方法，讓他們

有更多的時間和精力去統籌規劃與企業命運相關的長期策略和決策。這時，多部門的組織結構便產生了。

多部門的組織結構可以有效地協調企業大規模的生產和分配，透過權力和責任的下放、有序地布局，各部門都有了營運自主權，大幅減輕了高階主管的負擔。同時，各部門也能更好、更快地適應和開拓新的領域，從而取得競爭優勢。總之，企業科學的策略布局和靈活的組織結構的變化，是企業興衰的關鍵。

四、核心思想：策略與結構的動態發展模式

透過對美國四家先驅企業在管理結構上的演變歷史進行詳細的解讀和概括，錢德勒歸納出了核心思想，這就是「策略與結構」的動態發展模式。那麼，關於策略與結構之間的關係是怎樣的呢？

美國的四家先驅企業——通用汽車公司、杜邦公司、紐澤西標準石油公司和西爾斯公司，都先後經歷了從企業輝煌期到瓶頸期，甚至面臨倒閉的風險期，他們面臨困境的原因卻有著基本的共通性，也就是，隨著企業的快速成長、地域的擴張、品牌的多樣化、社會需求的進步、科技的創新等原因，企業原有的、陳舊的管理組織結構已無法適應這種快速變化的步伐，由此產生了一系列的新問題，企業也更加被動和落後。

這些企業敏感的管理者們看到了瓶頸背後的原因，也就是陳舊的管理組織結構。於是，企業面臨的巨大壓力迫使管理者們大刀闊斧地進行改革，從而產生了一個全新的營運單位——企業分部。這些分部都被企業總部委任授權，擔任各自的專業職能，專注於自身的責任領域，幫助總部分擔管理壓力，讓總部從繁瑣的管理系統中解脫出來。那麼，總部負責什

發展策略的核心

麼呢？總部負責建立企業發展的長期策略。

錢德勒明確解釋了「策略」的概念，即「企業長期目標的決定，以及為實現這些目標所必須採納的一系列行動和資源分配」，而結構的定義是「為管理一個企業所採用的組織設計」，分部或稱事業部的建立就是組織設計的內容之一。當然，這些組織分部不是固定不變的，而是根據總部制定的經營策略的變化相時而動，以更佳地適應企業目標的更新和環境變遷，也就是說，這些組織結構也在持續影響和制約著企業的發展，這就是著名的「錢德勒命題」。

「錢德勒命題」最重要的一點，便是「適合」，而不是「最好」，為什麼這麼說呢？因為建立企業的過程就是一種動態的變化過程，即隨著績效的上升、版圖的擴張、內部資源的變遷、外部環境的變化等因素，企業也要隨時做出適合當時內、外部環境的改變，而不能刻板地守舊，以一個組織管理模式去應對各種挑戰。也就是說，企業管理者需要避免一種「鐵鎚人」傾向。

俗話說，「在手握鐵鎚的人眼裡，萬事萬物都像釘子」，其實這也是一種刻板印象，它忽略了差異，萬事一以概之，不夠靈活應變，就像通用汽車公司的創始人杜蘭特一樣，一味自大地擴張，用陳舊的內部管理結構去應對膨脹的公司和變化多端的環境，最終只能導致危機而被淘汰。所以，錢德勒說：「策略性的成長來自更加有利可圖地利用現存的或擴張中的資源。如果要有效率地經營一個被擴大了的企業，新的策略就要求一個新的或至少是重新調整過的結構。沒有結構調整的成長只能導致無效率。」事實上，企業的組織管理結構一直是不斷變化著的，只有透過變化才能找到最「適合」企業發展的競爭優勢，保證企業長久不衰的生命力。

因此,「策略」與「結構」這兩個概念是互相牽連的。具體來說,就是企業長期策略規劃決定著內部管理結構,內部管理結構反過來制約著企業發展策略。此外,制定策略的管理者也要具有高瞻遠矚、靈活應變、審時度勢、開拓創新的能力,從理性和思辨的角度去觀察企業內、外部的變化,隨時調整企業策略和內部管理結構,以此來保證企業長期良好的營運狀況。

27

《企業生命週期》成長階段與診療方法

組織變革和組織治療專家 ——
伊查克・阿迪茲 (Ichak Adizes)

伊查克・阿迪茲（1937～），美國管理學家，組織變革和組織治療的專家，他在企業和政府裡有著超過30年的診療經驗，開創了「阿迪茲諮詢法」，是「企業生命週期理論」的創立者。

阿迪茲於1937年在南斯拉夫出生，在以色列長大，有著猶太血統。中世紀時，阿迪茲的祖先為了躲避宗教迫害逃離西班牙。童年時期的阿迪茲，為了逃離納粹德國的毒害，從波蘭流亡到阿爾巴尼亞。第二次世界大戰結束後，他先是移居塞爾維亞，後又移居到以色列，在希伯來大學求學，最後去了美國進行學術研究。阿迪茲在紐約哥倫比亞大學獲MBA和博士學位，後擔任加州大學洛杉磯分校終身教授，曾為許多國家的總理和高級官員、新興企業以及大型企業提供諮詢服務。

伊查克・阿迪茲

阿迪茲的代表作有《自我管理》（Self-Management: New Dimensions to Democracy）、《如何解決管理不善的危機》（How to Solve the Mismanagement Crisis）、《追求巔峰》（The Pursuit of Prime: Maximize Your Company's Success with the Adizes Program）以及《企業生命週期》（Corporate Lifecycles: How and Why Corporations Grow and Die and What to Do About it）等。

一、為什麼要寫這本書

1950 年代末至 1970 年代,被認為是企業生命週期理論的萌芽階段。

1959 年,美國管理學家梅森‧海爾(Mason Haire)首次使用「生命週期」這一個概念去考察企業的發展,提出企業的發展週期規律與生物學中的生命成長曲線很相似,並進一步指出由於管理措施不確實等原因,企業會陷入發展停滯、消亡等困境,從此開闢了企業生命週期理論的研究之路。

到了 1960 年代後,對企業生命週期的研究越來越深入且系統化,主要代表人物有美國經濟學家哥德納(J. W. Gardner)和美國管理學家斯坦梅茨(Lawrence L. Steinmetz)。哥德納將生物的生命週期與企業的生命週期進行對比,歸納出企業生命週期的特點,比如企業生命週期的時間跨度具有不可預測性,從成熟期過渡到衰老期,可能是十幾年,也可能經歷上百年。斯坦梅茨則更加系統地研究了企業的生命歷程,他發現企業成長過程呈現 S 形曲線,並將企業的成長階段劃分為直接控制階段、指揮管理階段、間接控制階段以及部門化組織階段。

1970 年代之後,企業生命週期理論不斷完善,方法也有了突破,學者們開始使用模型來描述理論。比如英國管理學家邱吉爾(Neil C. Churchill)和路易斯(Virginia L. Lewis)在 1983 年提出了五階段成長模型來描述企業的成長情況。1985 年美國哈佛大學管理學教授拉里‧E‧格雷納(Larry E. Greiner)對這一項模型進行了改善,他利用組織年齡、組織規模、演變的各個階段、變革的各個階段以及產業成長率這五項關鍵概念建立起企業組織的發展模型,描述了企業成長過程中的演變與變革的辯證關係,很好地解釋了企業是如何成長的,這一項研究成果後來成為管理學家

研究企業成長問題的基礎理論。

阿迪茲基於這些研究成果，再透過幾十年的觀察與思考，將企業生命的週期劃分為十個階段進行研究，揭示了企業發展變革的深層原因，還運用擬人化的手法描繪了企業成長的整體性圖景，並以此提出了相關的企業診療方法以供官員、企業家參考學習。

簡言之，從理論萌芽，到後來研究典範的轉變，管理學家從不同的視角對企業發展的本質及其路徑進行了研究探討，正是在這樣的背景下，企業生命週期理論經過持續發展與完善，直到後來阿迪茲博士將這一項理論的研究推向高峰，使其得到了更為廣泛的認同與運用。

二、核心內容：擬人化的企業發展階段

一個企業一旦被創造出來，它的規模、結構以及優劣勢等各方面就會隨著整個社會、經濟、市場的變化而變化。所以，一個健康的企業應該是活的，而不是一成不變的，它的發展與演化有著生物生命一般的週期規律。阿迪茲將企業生命週期劃分為十個階段，分別是孕育期、嬰兒期、學步期、青春期、壯年期、穩定期、貴族期、官僚早期、官僚期、死亡期。在阿迪茲看來，生物在不同的生命階段有不同的特徵，企業也是如此，而一個優秀的管理者需要洞悉企業的成長機制，把握好所處的成長階段，在不同的情形下採取不同的策略，方能合理地應對企業的發展問題。

第一階段：孕育期。

這一個階段，企業尚未誕生，而某個「好點子」是創業者前進的動力，並且創業者開始構想如何才能把這個「好點子」變為現實，所以這一個階段也被稱為「夢想階段」。也就是說，這是一個「築夢」的階段，創業

者將傾注自己所有的熱情，來向世人描繪自己的夢想。在這一個階段，創業者雖然沒有什麼實際行動，但是這個世界需要他們的熱情與創業精神，以及與之相應的社會責任感、使命感。

第二階段：嬰兒期。

當夢想一旦駛離「空想」的港灣，步入商業市場的海洋之後，企業以及創業者就需要面臨更多的、具體且現實的問題。嬰兒期的企業，需要獲得大量的營養供應，因為與人類嬰兒類似，「初生」的企業難以對抗現實世界的風浪，需要有足夠多的投資甚至是政策扶持才能存活下去。

在這一個階段，企業面臨的最重要的問題是如何保證有穩定的現金流，因為現金流的斷裂是處於嬰兒期的企業夭折的主要原因。此時的企業才剛起步，尚未形成合理完善的管理制度和管理流程，創業者面臨著要繼續完善產品還是轉而擴大銷售的問題，這就需要創業者具備精明的決斷能力以及高超的管理水準，透過採取妥善的產品營運方式以及爭取到足夠的投資，來保證企業現金流的穩定。

第三階段：學步期。

這一個階段最大的特徵是剛剛經歷過嬰兒期的企業，挺過了市場的考驗，獲得了成功。學步期的領導者不僅相信奇蹟，還想要創造奇蹟。於是企業開始擴展業務，如同兩、三歲的孩童，對什麼都感興趣。多元化的業務擴展使有些公司成了小型的集團公司，然而由於參與了過多不熟悉的領域，也為企業的發展帶來了危機。

第四階段：青春期。

青春期是人這一生中情緒最為複雜的時期，步入青春期的少年、少女往往是矛盾且多變的，他們拒絕原來的家庭規範，形成自己的主張，而企

業也是如此。離開學步期的企業也將面臨巨大的轉變，其中最主要的便是權力的改變。在嬰兒期與學步期，企業的確需要創業者具有一定程度的「獨斷專行」，然而公司要過渡到青春期就需要進行授權，創業者需要把權力授予公司的專業經理人，這一個過程是困難而痛苦的。

阿迪茲在書中舉例說，這種權力的過渡就好比一個絕對的君主國家要轉變為一個憲政國家，也就是由國王的一個人統治轉變為憲法統治，雖然創業者會聲稱自己一定會遵守企業的規章制度，但是一個國王自願放棄他的權力是很少見的。作為創業者，他的行為仍然是嬰兒期的殘留物，可是隨著企業規模的擴大，外部環境已然改變，在經歷一次又一次的危機後，青春期的創業者不得不去學習如何合理地授權，以此來實現從創業到專業化管理的轉變，避免管理危機的發生。

第五階段：壯年期。

不論是對人類還是對企業來說，壯年期都是生命週期中最佳的階段。在經歷了青春期權力與領導的轉變後，企業的靈活性與自控性會到達一個平衡點，然而靈活與控制是互斥的，領導者需要在管理階層決策過於靈活時或者管控過於嚴格時採取糾正措施。處在壯年期的企業主要有以下特點。

- 一是具有制度化的管理流程，以及執行良好的制度和組織結構。
- 二是銷售額與邊際利潤同步成長。
- 三是繁殖力強，企業內部的凝聚力、外部的整合力強。

第六階段：穩定期。

離開壯年期的企業，雖然它的表現仍然像壯年期一樣，不過，它的內在變了，不再像以前那般積極進取，逐漸失去了自我革新與追求變化的動

力。穩定期的企業靈活性下降，企業產品的各項性質趨於穩定，很少有改動。人們的管理措施越來越趨於保守，如果沒有必要，人們不願意冒任何風險。同時，管理者認為考核代表一切，只有數字與規則是日常管理工作中最可靠的要素，直覺與判斷的作用越來越小，創業精神逐漸消失，企業在不知不覺中進入下一個生命階段——貴族期。

第七階段：貴族期。

創業精神的消散使企業從壯年期步入穩定期，直至進入貴族期。處於貴族期的企業有以下特點。

- 首先，發展欲望降低了，對於開拓業務、開闢市場的興趣不大，比起規劃未來，這個階段的企業更重視過去的成就，更加排斥變革。
- 其次，貴族期的企業不願意承擔風險，而是加強系統控制，以及擴大各種設施、福利的投入。
- 再次，企業的員工也更加樂於維護人際關係，注重著裝與溝通的正式性，自然地遵守各種傳統與慣例。
- 最後，貴族期的企業資金十分充裕，甚至成了「累贅」，於是開始併購其他企業，尤其是處於學步期的企業，是貴族期企業併購對象的最佳選擇。
- 此外，貴族期的企業已經開始老化，市場占有率、收入和利潤持續下降，兼併與漲價也不能彌補企業的損失，於是好日子快到盡頭了，平靜的海面開始掀起波瀾。

第八階段：官僚早期。

我們可以透過一個要素來判斷企業是處於貴族期還是官僚早期，那就

發展策略的核心

是「管理偏執」：在處於貴族期的企業裡，寧靜中蘊藏著風暴，一片和氣，而步入官僚早期的企業，管理階層的對立與衝突開始顯露出來，人們不再是處理企業的問題，而是捲入人際衝突之中，人們開始為了生存而露出獠牙，彼此懷疑、背地裡中傷他人，有才幹的人反而成為人們提防的對象，偏執的氛圍禁錮住了企業，這樣的氛圍會一直持續到企業宣布破產或者被政府收購，成為完全官僚化的企業。

第九階段：官僚期。

由於有國家的支持與補貼，本該消亡的企業依靠人為手段活了下來，進入了官僚期。這一個階段的企業，生存環境已經徹底改變，相應的人員結構也一改從前，企業家型的員工如流水般更替，更多的行政管理人員被保留下來，此時的企業與市場隔絕，已經成為一個完全的官僚機構，只關注規章制度的安排與實施情況，完全不關心客戶的需求是否被很好地滿足了。

阿迪茲在書中引用了一個笑話：

一個外地人來到巴黎，詢問朋友最好的珠寶店是哪一家，他得知地址後直奔這家珠寶店。在店門口一個穿紅色制服的服務生禮貌地詢問他需要什麼，他說：「買一些珠寶。」服務生伸手示意說：「請您走左邊的門。」他進了左邊的門後，又一個藍色制服的服務生詢問道：「您是購買男士珠寶還是女士珠寶呢？」外地人回答說：「女士的。」接著服務生伸出右手說道：「女士珠寶請走右邊的走廊。」接下來這個外地人又分別遇到了三個服務生，詢問他關於款式花樣之類的各種問題，並向外地人指了一個又一個的方向，最後這個外地人被問道是想要鑽石還是紅寶石，他回答說：「紅寶石。」於是服務生說：「請走左邊的門。」外地人打開門後，發現自己又站到了大街上。

從現實中來看，很多官僚化的企業由於缺乏變革與團隊合作精神，日常工作中充斥著表格、規章制度，幾乎沒有做出任何有價值的事情。

第十階段：死亡期。

由於官僚期的企業要存活下去，只能依靠政治資源，這樣的企業看似不可侵犯，實則狀況堪憂，十分脆弱。當一個企業沒有資源作為生存補給後，企業就會面臨「死亡」。而「死亡」也會發生在官僚期之前。如果有政治資源的供養，那麼企業的生命會持續下去，一旦失去這種資源，企業也就「玩完了」。

三、分析工具：企業行為的診斷方法
—— PAEI 管理角色模型

阿迪茲發現並歸納出企業生命週期理論後，開始思考是什麼導致企業前期的發展與後來的老化？又是什麼改變了企業的靈活性與控制性？

為了找到企業發展變化的原因，阿迪茲首先假設所有的生命系統，無論是短期之內還是從長期來看，都是為了實現效益與效率。換句話說，對於企業來講，影響企業生命各階段行為的因素，就在於一家企業分別在短期與長期內追求效益與效率的驅動力是不同的。

阿迪茲認為驅動力的大小受到四大管理角色的影響，也就是管理團隊中的四個關鍵角色。

- 第一，P 角色 producer，我們稱為業績創造者角色。這一個角色關注的是短期目標的實現，它只在乎員工的業績表現是否達到了企業發展的目的，具備這一個角色的管理階層企圖透過快速創造業績在短期內實現效益。值得注意的是，P 角色的目標不能是利潤，因為利潤只是

產出結果，管理階層的任務不能只盯著產出結果如何，而是要透過正確的管理手段去保證過程的正確投入，而利潤只是一臺「顯示器」。比如在孕育期的時候，創業者的注意力是在利潤上嗎？也許會有，但是他們主要盯著「如何找到並利用創造利潤的機會」，這裡的「機會」就是投入。

- 第二，A 角色 administrator，指的是行政管理者角色，這一個角色關注的是短期內的控制效果。如果能夠在短期內做到企業管理的系統化、組織化以及流程化，那麼就意味著人員能夠被合理地安排，業務能夠被妥善地分配，各類資源能夠被充分地配置，也能夠有條不紊地進行各項事務。於是，企業短期內的效率便可以得到較好的保障，而有了業績的實現，以及行政管理上效率的保障，企業在短期內當然會盈利。

- 第三，E 角色 entrepreneur，這是指企業家角色，這一個角色最為重要的特質是企業家的創新精神，這一個角色的關注點在於長期目標。企業家角色具有長遠發展的眼光，能夠放眼未來，在特有的創新精神以及冒險精神的加持下，制定並追求長遠的目標，從而讓企業獲得長期效益成為可能。

- 第四，I 角色 integrator，也就是一體化整合者角色，這一個角色的作用在於能夠在長期範圍內有效地控制系統的執行。根據「熱力學第二定律」，也就是所謂的「熵增定律」，系統會逐漸趨向無序狀態，而不會自發地進行整合。所以，實施 I 角色的管理者需要積極應對「熵增」，整合企業中的人力資源、各類物質資源以及非物質資源，還要調和企業內部的正式文化與非正式文化等，這能夠減少組織中的對立與衝突，保證長期的一體化，而良好的一體化將為企業帶未長期的效益。

這四大管理角色的英文縮寫為 PAEI，因此又被稱為 PAEI 模型。阿迪茲指出，一個企業想要在短期或是長期內保障效率與效益的實現，就必須扮演好這四大管理角色。人們可以透過運用 PAEI 模型來考察一個企業的管理團隊，衡量各角色的作用與貢獻，從而找到企業發生正常或不正常變化的原因，以及剖析企業發展歷程中的問題或成功的癥結所在。比如，一個擁有高水準管理團隊的企業，有著科學合理的人員組織結構，管理者們相互配合，分別承擔著不同的管理角色，就有可能實現短期與長期內的效率與效益的保障。

發展策略的核心

應對危機的必然選擇

28

《轉危為安》：為什麼日本能，我們不能？

日本品質管制之父 ——
愛德華茲・戴明（William Edwards Deming）

愛德華茲・戴明（1900～1993），美國統計學家、管理學家，著名的品管大師、人口普查抽樣方法的發明者、現代品質管制的先驅，被日本企業界視為「日本品質管制之父」。戴明一生對品質管制做出了傑出的貢獻，他提出把統計學原理用於品質管理，用獨特的管理思想開闢了品質管理的新領域。他的代表作有《戴明的新經濟觀》（*The New Economics: For Industry, Government, Education*）、《轉危為安》（*Out of the Crisis*）、《戴明論品質管理》、《戴明管理思想精要》（*The Essential Deming : Leadership Principles from the Father of Quality*）等。

愛德華茲・戴明

《轉危為安》是戴明久負盛名的管理學代表作，此書的出版點燃了全球品質大革命。在這本書中，戴明提出著名的「管理十四要點」，構成了戴明品質管理理論的主要思想理念，也成為20世紀全面品質管理（Total Quality Management, TQM）的重要理論基礎。

一、為什麼要寫這本書

　　戴明出生於美國的愛荷華州，1928 年獲得耶魯大學物理學博士學位。攻讀博士的期間，戴明結識了美國「統計品質管制之父」沃特‧安德魯‧休哈特，接觸到了統計過程控制理論。統計過程控制是一種藉助數理統計方法的過程控制工具，它對生產過程進行分析評價，根據回饋訊息及時發現系統性因素出現的徵兆，並採取措施消除影響，使過程維持在僅受隨機性因素影響的可控制狀態，以達到控制品質的目的。

　　博士班畢業後，戴明在美國農業部就職，就職期間，他發明了人口普查抽樣方法，並證明了統計方法可用於商業。此外，他還在休假期間去了英國倫敦大學，與英國著名的統計學家羅納德‧愛爾默‧費雪（Ronald Aylmer Fisher）一起從事了一年的統計學研究工作。後來，他將統計學用於品質控制並取得了良好的效果。抽樣方法技術與統計學知識為他一生都在從事的品質研究工作奠定了基礎。

　　1942 年，隨著戰爭的進行，戴明將統計理論用在戰時生產研究上，並呼籲生產者重視品質，反覆強調品質控制的重要性。然而他的呼籲在美國反應寥寥，這讓戴明心灰意冷。

　　1946 年，隨著戰爭的結束，戴明接受了盟軍最高指揮部的徵召，遠赴日本幫助當地進行戰後重建。戴明到日本本來是要指導日本人進行人口普查、講授統計學知識的。然而，戴明在日本進行演講時，不再彰顯他擅長的統計學，而是強調品質管制，並且在日本工業界受到了熱烈的歡迎，全日本工業界也因此掀起了應用統計過程控制和全面品質管理的熱潮。戴明向日本人表示：「只要運用統計分析，建立品質管理機制，5 年後日本的產品品質就可以超過美國。」果然，用了 4 年時間，日本的產品總量就超越

應對危機的必然選擇

了美國。

到 1970 年代，日本不僅在產品品質，而且在整體經濟上都對美國工業形成了巨大的挑戰。日本戰後經濟的崛起，離不開戴明對日本企業全面品質管制的指導，這讓戴明在日本獲得如日中天的聲響，由此成為日本的品質管理教父。由於戴明的品質管制理念奠定了日本早期全面品質管制的基礎，所以為了表達對戴明的感激與敬意，裕仁天皇授予他二等珍寶獎，日本科學家和品質工程師協會把年度品質獎命名為「戴明獎」。

戴明對日本指導品質管制的成功，讓美國人驚醒，於是開始對戴明另眼相看。終於，在 1980 年，全國廣播公司（National Broadcasting Company, NBC）製作了一檔紀錄片節目——《日本能，為什麼我們不能？》(If Japan can, Why can't We?)，戴明作為嘉賓，講述日本的品質管理實務，這使戴明一夜成為品質管制的明星。此後，美國各大企業紛紛邀請戴明去傳授品質管制思想。由此，他幫助美國企業開始了長期的生產品質改善和管理體制變革。比如，戴明幫助福特汽車公司進行重建並取得了重大的成功。此外，自 1981 年起，考慮到美國製造業江河日下的現實狀況，戴明不斷地在全美舉行「四日研討會」，每年舉辦 20 次以上，目的是推動美國企業的管理改革。

隨著日本、德國的崛起，美國持續在製造業及服務業市場失利，美國想要奪回在國際貿易方面的競爭地位，戴明認為，需要經理人負起責任，去改善系統中人員及機器的品質及生產力問題，以此來解決產品的低品質、高成本問題。在這樣的背景下，戴明決定把自己幾十年的品質管制經驗以及思想寫成一本書，來教美國企業如何轉型以求生，如何在最高管理階層的領導下追求品質。於是，在 1982 年，《轉危為安》這本偉大的管理學科傳世之作誕生了。

二、核心思想：管理十四要點

戴明提出了「管理十四要點」，他希望這「十四要點」能帶領美國走出國際競爭力下降的困境。同時，這「十四要點」也是全面品質管制的理論基礎。

第一點：把提高產品與服務品質作為永恆不變的目標。產品品質與服務品質對企業的發展十分重要，能為企業創造源源不斷的價值。因此，管理者要帶領員工制定企業的長遠目標，就是要一直追求提高產品與服務品質。而且，把提高產品與服務品質作為永恆不變的目標，應成為企業組織的核心價值觀。只有企業上下一起堅守這種核心價值觀，品質才得以保證，企業才能穩定發展。

第二點：採用新的觀點。管理者應當拋棄舊的管理哲學，比如傳統觀念認為，高品質意味著增加開銷。戴明則認為，這種傳統觀念已經不適用於新的市場，應採用新觀念，新觀念就是提高品質會降低成本。戴明指出，同樣一筆錢買到的產品與服務越好，生活開銷就越低。我們應當崇尚品質，任何粗製濫造和劣等服務都是不能被接受的。

第三點：停止依靠大規模的檢查來獲得品質。傳統的品質管制依賴於檢查最終結果是否符合要求，用檢驗來發現不合格的產品，並且由製造不合格品的員工來承擔全部責任或連帶責任。事實上，任何檢驗，當發現產品缺陷時，就已經產生了損失。再者，員工因承擔責任導致收入降低，從而產生消極怠工心理，這不利於企業的可持續發展。另外，大量的品質問題本身屬於「系統錯誤」，系統錯誤就是說不是員工個人錯誤而是生產系統本身的錯誤。所以，戴明指出，應當停止依賴檢驗的方式來把關品質，要將傳統的「把次品挑出來」改為「不生產次品」，也就是從「事後檢驗」

改為「事前預防」。

第四點：廢除以最低價競標的制度。企業常以最低價格標準作為採購的依據，然而以低價採購原物料的形式來節約成本，肯定會在管理、維修以及產品品質上增加成本。所以，戴明主張，要結束只以價格為基礎的採購習慣。在採購上盡量採用單一貨源，與供應商建立長久的合作及信任關係，這樣才能真正降低成本、提高品質。

第五點：持續改進生產和服務系統，使用統計過程來控制技術。在每一個生產服務活動中，如採購、運輸、工程、方法、維修、銷售、分銷、會計、人事、顧客服務及生產製造等，唯有持續改進品質和生產能力，才可以持續減少成本開支。另外，戴明認為，統計過程控制學的使用對於改善系統十分重要。因為改進必須依賴事實，而事實必須經過統計分析後才能找出問題。因此，系統管理的核心是工作過程的記錄和統計。

第六點：建立現代的在職訓練方法。實行職位職能培訓，是為了提高工作人員的知識和技能，因為技能不好，品質就無法得到保障。因此，管理者應當對員工進行在職訓練。同時，戴明指出，要使用統計方法來衡量培訓工作是否有效。如統計管制圖的使用，可以判斷員工是否獲得了足夠的訓練。只要員工的績效表現沒有進入統計控制範圍內，也就是員工的表現還沒有達到穩定的狀態，那麼員工就仍有進步的空間，就要繼續訓練，反之亦然。

第七點：建立領導力，改進領導方式。戴明認為，企業中存在的問題85%是由管理不善而造成的系統錯誤。因此，解決企業中存在的問題，關鍵就是改善管理和改進領導方式。管理者要明白，要用領導力來帶領團隊的進步，而不只是監督，這樣才能展現出對員工的尊重，才能取得員工的

信任，從而激發員工工作的熱情。

第八點：排除員工的恐懼。戴明認為，要提升品質與生產力，必須要讓員工感受到安全感，員工才能大膽提出自己的看法，才能為公司做出貢獻。而員工的恐懼感是不利於公司發展的。比如，如果新採購的原物料有瑕疵而不能使用，那麼不管員工多麼努力，也不能生產出優質產品。但員工不敢向管理階層報告，因為員工害怕自己被裁員，所以選擇循規蹈矩來保住自己的工作。由此可見，消除員工的恐懼感對企業的發展十分重要。

第九點：打破部門之間的障礙。每一個部門的存在都是為了整個公司更好地營運和發展，部門之間應當互相交流，擁有共同目標。管理階層應促成不同部門的合作，確保整個組織的利益最大化。比如，設計人員負責設計產品，然後將產品樣本展示給業務人員，這時，業務人員應當徵詢製造部門的意見，然後再進行銷售，以防業務人員接回的訂單超過了工廠製作的負荷。因此，各部門之間不應有屏障，應當積極溝通，協商一致，為共同的目標而努力。

第十點：取消對員工的標語訓詞和告誡。過度的告誡會讓員工產生壓力、挫折感、怨氣、恐懼、不信任和謊言，從而形成與公司對立的關係。因此，戴明認為，管理者需要扎扎實實地解決問題，而不是富有想像力地空喊口號。

第十一點：消除數字配額。戴明認為，設定日工作量、設定配額、評分或績效考核是無法做到公平準確的，更不能保證產品的品質。比如，按件計酬制度只會鼓勵人們努力增產，而不注重品質。再比如，企業為員工設定配額後，當員工完成配額時，就會無所事事，只等著下班，這樣只會帶來低效率及高成本。

第十二點：消除影響員工工作自豪感的一切障礙。戴明認為，金錢並不是唯一能讓員工培養自豪感的因素，除此之外，還有領導者對員工的器重、信任、重視等精神因素。在管理過程中，管理者應當有效聽取員工的意見和建議，並及時給予回饋，解決他們的實際問題，從而增加他們的自豪感，這樣員工才能對自己的工作精益求精，才能提高品質。

第十三點：鼓勵每一個人進行自我教育與自我提升。企業應視員工為有價值的資產，鼓勵員工不斷吸收新知識、新技術，以便有能力處理新材料、使用新方法。此外，企業還應營造員工追求知識、自我改進的氛圍，讓員工明白學習是企業和員工明日生存的保障。

第十四點：採取行動來實現轉變。公司管理階層要組織團隊來推動前面十三點的實施。管理者要從自身做起，自上而下地帶動全員參與改進工作的行動。因為管理階層在實現轉變中具有決定性的作用，他們比任何人更有影響力，他們的決定影響著每一個人，所謂上行下效。同時，管理階層也要讓公司的每個人意識到改變自己是每一個人的工作。

總之，戴明從顧客、員工、管理者的角度出發，提出了解決問題的方法，這是所有想達到目標的組織必須遵循的準則，也是全面品質管理的基礎。戴明表示，管理階層應該針對前面的十四點內容採取行動來實現管理轉型，不能坐而論道，這樣才能提升品質，才能走出企業危機。

三、核心問題：如何走出危機

企業管理中存在七項致命惡疾，分別是：

- 缺乏長遠的目標。
- 目光短淺及只重短期利潤。

28 《轉危為安》：為什麼日本能，我們不能？

- 存在諸多弊端的績效考核制度。
- 頻繁更換管理階層。
- 數位化的失誤。
- 沉重的醫療支出。
- 產生鉅額的法務費用。

治療這七項惡疾的方法，除了戴明提出的管理十四要點以外，還有PDCA循環、變異理論。

（一）PDCA循環

PDCA循環又被稱為「戴明環」，意思是任何一項活動都能有效進行的一種合乎邏輯的工作流程，它將品質管制分為四個階段：Plan（計劃）、Do（執行）、Check（檢查）和Act（行動）。

- 計劃，指的是方針和目標的確定，以及活動規劃的制定。
- 執行，指的是根據已知資訊，設計具體的方法、方案和計劃布局，再根據設計和布局進行具體的運作，實施計畫中的內容。
- 檢查，指的是總結執行計畫的結果，分析結果中的對錯，確定效果，找出問題。
- 行動，指的是對總結檢查的結果進行處理，對成功的經驗加以肯定，並實行標準化，對於失敗的教訓也要檢討，引起重視，而對於沒有解決的問題，應提交到下一個循環中去解決。

如此周而復始地循環，品質便會呈階梯式不斷進步。在品質管理活動中，要把各項工作按照做出計畫、計畫實施、檢查實施效果的步驟進行，

然後將有效果的納入標準，沒有效果或效果差的留待下一循環去解決。這一個工作方法是品質管制的基本方法，用這種方法每循環一次，就能解決一部分問題，取得一部分成果，生產的品質也就會提高一步，然後就制定下一個循環，經過再運轉、再提高，品質就會不斷前進。總之，「戴明環」為全面品質管制提供了思想基礎和方法依據。

(二) 變異理論

另外，戴明提醒管理者要注意外力介入與過度的干預所造成的變異。「變異」是統計學術語，意思是特質變因在整體單位中的不同表現。比如，為調查企業員工情況，該企業的所有員工就是整體單位，性別、民族、工種、籍貫等調查項目是說明整體單位特徵的名稱，性別、民族、工種、籍貫等就是特質變因。所有的系統，比如設備、流程或人都有變異性，因此，管理者要學會區分「特殊變異原因」和「共同變異原因」。

- 特殊變異原因又稱「非機遇性原因」，指製程中變異因素不在統計的管制狀態下，其產品特性沒有固定的分布。
- 共同變異原因又稱「機遇性原因」，指製程中變異因素在統計的管制狀態下，其產品特性有固定的分布。

特殊變異通常是由一些易於辨識的因素造成的，比如流程的改變、輪班的變化等。特殊原因由管理者進行消除，但特殊原因消除後，共同原因仍會存在，因為它是系統固有的。但在這時，管理者已經掌握了管理控制過程的變異，能正確推論出共同原因，那麼，現在就要著手降低「共同原因」的影響，包括購買更精密的儀器、進一步提高工人的水準、適當降低生產速度、要求有長期關係的供貨商縮小價差等。所以，管理者必須區分

變異的發生是共同原因還是特殊原因，這樣才有助於減少變異。

此外，根據研究發現，一切作業問題，85%都出自系統，僅有15%是由員工造成的。所以，管理者不能只是責怪員工沒有盡力而為，而是要為85%的變異承擔責任，由上而下親自帶動品質與生產力的改善，才能化險為夷、轉危為安。

四、研究影響：戴明學說對國際品質管理的推動作用

戴明提出的企業管理全面轉型的方法是從品質入手，並且戴明特別重視由於系統問題而產生的品質問題，把系統改善作為品質管理的重點。戴明的全面品質管制思想在企業界有著重大的影響。

（一）推動了 ISO 9000 品質系統的提出和施行

戴明的「管理十四要點」構成了戴明品質管制理論的主要思想理念，也成為 20 世紀全面品質管理的重要理論基礎，推動了 ISO 9000 品質系統的提出和施行。正如英特爾前執行長安迪．葛洛夫（Andrew Grove）所說的：「今日成功者的很多『創新祕訣』，不過是戴明語言的轉述。」目前盛行的 ISO 9000 品質系統及全面品質管制標準 TQM 等，幾乎都可以在《轉危為安》的「管理十四要點」中找到類似或相同的詮釋。

（二）推動了精實生產的發展

此外，戴明的「管理十四要點」為日本的精實生產方式奠定了理論基礎，推動了精實生產的發展。精實生產是一種系統的生產方式，目的是消除浪費，創造價值。精實生產的特徵是準時制生產及全員參與改善。「管

理十四要點」中說，不合格品會消耗各種資源，包括原料、人工等，對不合格品的重製，成本更是大得驚人。所以必須提高品質管制，減少甚至消滅不合格品、消除浪費，為顧客帶來價值，為企業創造價值。

此外，戴明同樣強調管理者要把系統改善作為品質管制的重點。消除浪費、創造價值的精實生產理念正是來源於戴明的「管理十四要點」，戴明的管理學說對日本的精實生產產生了深遠的影響。

(三) 推動了六標準差管理的全面發展

戴明的管理學說，其獨特之處就在於結合了統計學與品質管理，形成戴明的全面品質管制哲學思想，並推動了六標準差管理的全面發展。希格瑪（Sigma; σ）是希臘文的一個字母，在統計學上用來表示標準偏差值，希格瑪值越大，缺陷或錯誤就越少。六個希格瑪是追求品質水準的一個目標，這個品質水準意味著所有的過程和結果幾乎無缺陷。六標準差概念由美國「六標準差之父」比爾·史密斯（Bill Smith）於1986年提出，此概念的出現是為了讓人們在生產過程中降低產品及流程的缺陷次數，防止產品變異，提升品質。

從概念可以看出，六標準差管理法吸收了戴明學說中的變異理論。六標準差管理理念總結了戴明的全面品質管制的成功經驗，歸納出流程管理技巧的精華和最行之有效的方法，核心是：追求零缺陷生產、降低成本、提高生產率和市場占有率、提高顧客滿意度與忠誠度。它既著眼於產品及服務品質，又關注流程的改進。

此外，六標準差管理方法還是一種高度重視資料、依據資料進行決策的管理方法，這一點也正符合戴明「管理十四要點」原則，把統計方法運

用到品質管制中。六標準差管理理念中有一條是：透過提高顧客滿意度和降低資源成本，促進組織業績的提升，這也符合戴明「管理十四要點」中的原則，就是以產品品質為核心，滿足客戶的需求。因此，戴明提出「管理十四要點」及「變異理論」等學說是六標準差管理的理論基礎，大幅推動了六標準差管理的發展。

29

《管理困境：科層的政治經濟學》：發展困境及化解之道

當代組織經濟學的領軍人物 —— 蓋瑞・米勒（Gary J. Miller）

蓋瑞・米勒，1976年博士畢業於德克薩斯大學奧斯汀分校，現任華盛頓大學聖路易斯分校政治經濟學教授。他曾先後在加州理工學院、密西根州立大學任教。米勒的主要研究興趣在於不同組織中的決策制定過程，他運用了實驗的方法檢驗組織經濟學有關群體決策的假設。米勒是當代組織經濟學的代表學者和領軍人物，至今仍筆耕不輟。

蓋瑞・米勒

《管理困境：科層的政治經濟學》（Managerial Dilemmas: The Political Economy of Hierarchy）是米勒重要的著作之一，1994年諾貝爾經濟學獎得主約翰・富比士・納許（John Forbes Nash Jr.）對這本書大加讚揚，他認為理解了這本書，就大致掌握了「新制度經濟學派」的企業理論。

一、為什麼要寫這本書

科層制，又稱官僚制，是馬克斯‧韋伯提出的概念。通俗來說，科層制指的是一種權力按照職能進行分工、職位按照高低有序的層級進行分層、管理遵循固定規則的一種管理方式和組織系統。

事實上我們發現，小到一個班級，大到整個國家的管理系統，都展現著科層制的內涵和特徵。可以說，科層制已經滲透到我們生活的各方面，我們每個人都生存在一定的科層之中。那麼，問題來了，為什麼科層制的存在如此普遍？是什麼決定了科層制成為人類最普遍的組織形式？科層制的存在會對我們的生活造成什麼樣的影響？我們應該如何避免科層制帶來的負面影響？

《管理困境：科層的政治經濟學》系統地分析和闡釋了為什麼人類需要科層、科層制為人類帶來了什麼、人類應該怎樣做才能避免科層制的弊端等問題。米勒從政治經濟學的分析框架出發，為我們勾勒出一個典型的科層制發展過程，並且藉由這種分析為我們揭示了科層制的發展困境及化解之道。

這本書的研究起點是科層制與市場關係之間的互動。米勒從制度經濟學的視角探討了科層的存在理由，分析科層內部的管理機制及其困境，研究了科層之中的合作、領導能力和產權等問題。當人們遭遇市場失靈的時候，就會用科層來應對，但是科層本身也會失靈，那麼我們又應該如何解決科層失靈呢？更重要的是，如果市場失靈和科層失靈同時存在，人們又該如何選擇、如何去做呢？這種市場失靈和科層失靈形成的困境就是這本書的題目《管理困境》的由來。

二、科層為何存在：市場失靈、協調失靈與投票失靈

科層為何存在？在回答這個問題之前，米勒先探討了科層制的相對概念——市場。

為什麼科層的相對概念是市場呢？米勒認為，科層可以被定義為某一決策者擁有非對稱的權威，這種權威能夠在一定範圍內指揮其他人的各種活動。也就是說，決策者可以依靠科層制控制其他人的行為而不用付出任何成本，也不用關心這種控制是否符合其他人的意願，這就與市場中的等價交換、自願交易的原則背道而馳了。，米勒進一步提出，科層之所以與市場完全相對，本質上就是因為科層的存在是為了解決市場中出現的問題。米勒在這裡提出了市場中三種失靈導致的科層的出現，分別是市場失靈、協調失靈、投票失靈。

(一) 市場失靈

所謂市場失靈，就是透過自由交易無法達成資源的最佳配置，結果導致價格機制的扭曲或者不良後果的出現。米勒指出，市場失靈的主要原因在於資訊不對稱、壟斷與外部性三個方面，科層的存在則可以解決這三方面存在的問題。

1. 資訊不對稱是造成市場失靈的主要原因之一

假如某一年市場上蘋果的數量比較少、價格非常高，那麼大量的果農就會轉而去種植蘋果，等到了第二年大量的蘋果上市之時，蘋果的價格又會變得非常低，果農的收入也會因此降低。這就是一個典型的資訊不對稱導致市場失靈的例子。導致蘋果產量上升、價格下降的主要原因是需求與供給之間的資訊不對稱，換言之，蘋果的供給者果農不知道消費者能夠購

買多少蘋果，於是一味地增加產量，結果超出了市場的交易容量，最終導致價格下跌，自身的利益也因此受到了損害。

那麼科層制如何化解這種資訊不對稱呢？我們可以分別組織成立消費者協會與農業生產合作社，並不斷推動這兩個組織之間的資訊對接。將分散的市場交易整合在一起，將明確的產量要求傳遞給生產方，這樣就可以避免雙方的資訊不對稱造成的市場失靈。

2. 壟斷是造成市場失靈的又一主要原因

壟斷我們都非常熟悉，壟斷最大的問題在於單方面的不對稱權力。換言之，由於市場的供應被某個機構單方面壟斷，產品的價格只能由生產者決定，消費者幾乎不能產生影響。

如果我們藉助科層的手段，將分散的消費者組織成一個利益共同體，直接與供應商進行談判，用大量的市場需求作為手段以調整市場供應，我們就能在相當程度上避免這種只能被動接受價格的局面。

3. 外部性是造成市場失靈的另一主要原因

外部性指的是市場交易為外部環境造成了不良影響。比如某個造紙廠將汙水直接排入河流，造紙廠享受了產品帶來的收益，卻不承擔汙水排入河流對環境造成的破壞責任，這就是外部性的展現。當然，我們可以藉助政府的強制力或者第三方的監督管理阻止這種行為的發生，這就是藉助科層的力量克服市場失靈的方法。

（二）協調失靈

所謂協調失靈，指的是市場中形成的自願合約失去了約束能力和應有的調控作用。這種自願合約往往指的是合約外包。比如工廠將一定數量的

訂單派發給工人或小型承包商，工人和承包尚只要在一定時間內完成一定的數量產品即可，工廠不會干預工人具體的生產行為和生產方式，而只是關注最終的產出。在米勒看來，這種市場中的協調行為有三個固有的基本缺陷，而這些缺陷導致的問題就需要科層的出現來彌補。

1. 協調不一定真實，是協調行為的基本缺陷之一

市場中的協調建立在一個基本假設之上：協調雙方的意願、能力都真實反映在協調過程中。

假如工廠與某個承包商協商，每月生產 100 雙鞋，工錢 1,000 塊錢。一般來說，每月生產的鞋的數量應該是協商雙方透過徹底的交談磋商後擬定的，應該恰好能達到承包商的生產能力與工廠的需求的平衡。事實往往並非如此，工廠可能因為對承包商的不信任而削減訂單數量，也可能因為自身的市場需求而不考慮承包商的生產能力增加訂單數量。承包商同樣也可能因為承接別的工廠的訂單而減少供貨數量，或者抬升自己的供貨價格來獲取更多的利潤。真實的協商往往瞬息萬變，市場上供應的商品數量不一定能滿足雙方的真實意願，結果就讓協商變得無效了。假如我們改進一下訂貨方式，即工廠不再向承包商訂貨而是直接向每一個工人派發任務，工人也不再透過承包商來獲取利潤而是透過在工廠工作獲取薪資，那麼協商失靈的問題會不會得到緩解呢？

事實上，這種系統的建立就是企業的科層體制建立的過程。

2. 協商是無窮無盡的，也是協調行為的基本缺陷之一

市場機會稍縱即逝，企業應該盡可能地利用組織有限的資源參與市場競爭。但是協商就意味著妥協、意味著談判、意味著耗時長久的討價還

價。這種無休止的談判和妥協或許能夠達到雙方最滿意的結果，但是也許會極大地影響生產的效率。

米勒指出，在工業革命之後，越來越多的企業都放棄了原有的合約外包式的生產模式，轉而自己控制整個生產過程。他們的基本邏輯都是集中資源、瞄準市場，在短時間內推出新產品搶占先機，而不是在漫長的協商中錯失機會。實際上這種企業改制的邏輯就與科層發展的邏輯相符合。企業將自己的管理觸手深深地嵌入生產過程中，透過嚴密的職責分工和組織結構來深度控制生產流程，避免無窮無盡的協商與爭議。

3. 協商容易被破壞，是協調行為的另一基本缺陷

協商的初衷是保持工廠與小型承包商之間的合作夥伴關係。但是隨著生產力的進一步發展和合作分工的不斷深化，工廠下的各種訂單都越來越專業化，比如生產汽車發動機。這就導致承包商的供應鏈也開始逐漸變得專業化。也就是說，某個承包商往往只能給工廠提供一種產品，比如生產發動機的承包商只能供應發動機，生產汽車外殼的承包商只能供應汽車外殼。這種單一的生產方式實際上破壞了協商的可能性。因為工廠只有一個小型承包商，而承包商也只能將產品提供給工廠。雙方不存在討價還價的餘地，整個市場中也不存在競爭，這就導致工廠必然會選擇將自己的管理鏈擴張到承包商，將專業化的承包商納入自己的管理體制之中，成為自己科層中的一部分。

總之，隨著市場的發展，協商的生存空間變得越來越小，科層整合逐漸成為一種必然選擇。

(三) 投票失靈

所謂投票失靈，指的是透過民主投票的手段無法得出滿足組織利益最大化的選擇。米勒在這裡直接引用了諾貝爾獎得主肯尼斯·阿羅（Kenneth Arrow）的理論——阿羅不可能定律，來證明自己的觀點。

阿羅不可能定律說的是一個複雜的個人偏好與社會偏好之間的函式關係。我們很難在這裡用文字表述清楚，但是我們只要記住阿羅不可能定律的結論就好：不可能從個人偏好順序推論出群體偏好順序。這是什麼意思呢？

以選舉為例，依據阿羅不可能定律，選舉中最後的投票結果會受到每個人投票順序的影響，不同的投票順序會導致不同的投票結果。在市場中也一樣，市場中的總需求會受到每個人不同意願的組合方式的影響。要解決阿羅不可能定律產生的不確定性，唯一的辦法就是專制，也就是建立嚴密的權威組織來避免不確定性對市場造成的損害，這就是典型的科層組織政府產生的基本邏輯，也是科層解決失靈問題的又一展現。

三、科層為何失靈：縱向協調、橫向協調與隱性行動

所謂科層失靈，就是指科層中存在的效率低下、行為僵化、組織保守等行為。這些失靈往往會導致組織失去競爭力，造成組織虧損甚至破產。米勒指出，不同科層組織失靈的原因各不相同，但是他們往往有一些共通性的問題，而這些問題主要集中在以下三個方面：縱向協調、橫向協調與隱性行動。

(一) 縱向協調

顧名思義,縱向協調就是指科層組織內部上、下機關之間的協調問題。米勒用一個例子來說明自己的觀點。

某個玩具工廠中有這樣一個生產環節,工廠把未上色的玩具掛在鉤子上,工人從鉤子上取下玩具,噴上顏料,再放回鉤子上。工廠採用的是計件薪資,即每個人按照自己的工作量來獲得薪資。同時工廠還設定了獎金,鼓勵員工主動提出技術改進的意見和建議。

一般來說,計件薪資往往能最大限度地激發員工的工作積極性,設定獎金也能夠幫助員工更加積極地投入工作,但是出人意料的是,工廠的產量水準遠遠低於預期。工人們抱怨鉤子鏈運轉太快、工作環境亂、通風也不好,於是工廠的管理階層派一個工頭與8位工人召開了會議,工頭傾聽了工人的抱怨。很快,工頭弄來了一臺電風扇來改善通風問題,工人們很高興,產量也提高了,也與工頭建立了良好的關係。工頭也因產量的提高受到管理階層的支持而展開更多的工作。

工頭還提出可以讓工人自己控制鉤子的執行速度,比如在早上的時候執行慢一點,中午的時候執行快一點。結果,工人的產量再次提升了50%,由於計件薪資和獎金的存在,工人的薪資已經比工廠中的某些技術人員的薪資還高。

問題來了,現在工廠的管理階層面對著一個誘惑,即現在管理者已經獲得了足夠的資訊,確定了合理的產量水準。如果產量保證在現有水準,同時減少獎金或者計件薪資,就能夠獲得更高的利潤。如果你是管理者,你會怎麼做呢?

案例中管理者果斷取消了獎金、減少了薪資,結果8位工人中的6位都辭職了,產量下降到原有水準。這就是米勒提出的縱向協調問題。儘管

科層制的建立提高了管理者對生產過程的監控能力，但是由於生產過程與管理過程的分離和一定的專業壁壘，管理者無法確定完全合理的產量水準。當管理者確定了合理的產量水準之後，又會有強烈的不守承諾的動機，從而導致組織的整體利益受到損害。

（二）橫向協調

所謂橫向協調，就是指科層組織內部同一層級中不同單位之間的競爭、合作與賽局。米勒認為，橫向協調的最大問題在於目標不同的子單元之間的衝突。這種衝突往往浪費了資源，放棄了潛在的合作機會，造成了組織的不穩定。米勒認為，積極追求子單元的目標，對整個組織來說是十分低效的。

在這裡米勒用福特汽車公司衰落的故事來解釋這一項觀點：

福特汽車公司內部有兩名權力一樣大的副總經理，一個是布里茨，另一個是克魯索。布里茨精通財務知識和數位模型，非常關注公司的市場表現和利潤指標。克魯索則對數學不敏感，他是技術工人出身，他關注的是如何製造出效能更好的汽車。二者的衝突在福特事業蒸蒸日上的時候並不明顯，因為增加的盈利能夠滿足兩人的需求。

但是隨著通用公司的崛起，福特汽車的銷量開始下滑，營利收入開始降低。布里茨和克魯索的衝突逐漸浮上檯面。布里茨認為，擺脫危機的辦法在於更加先進的財務管理與節約成本。克魯索則不以為然，他認為福特汽車公司應該集中資金投入到研發中，只要他們生產出效能更好、外觀更華麗的汽車，消費者自然會紛至沓來。雙方的目的都是為了企業的發展，但是他們有著完全不同的行動方案。福特汽車公司的高層管理者對此並不是無動於衷，反而是樂見其成，因為他們可以在二者的競爭中進一步鞏固

自己的權威。於是兩位副總經理在高層的控制中不斷明爭暗鬥，短時間內克魯索獲得了勝利，研發獲得了大量的預算支持，結果也使福特汽車公司暫時擺脫了競爭的壓力。但是克魯索在勝利以後得意忘形，推出了更加大膽的造車計畫，結果導致預算失控，福特汽車公司不得不因此背上沉重的債務包袱。

米勒認為，這種科層內部的「幫派」對於各自目標的積極追求破壞了計畫的連貫性，限制了整體的效率。

（三）隱性行為

所謂隱性行為，就是指那些影響產量水準但是無法被產量水準反映出來的行為。

假設你現在是一家公司的地區經理，你手下有100個業務員，他們的任務就是推銷吸塵器。那麼問題來了，你會怎樣考核他們的業績呢？你可能會認為這是一個非常簡單的問題，看他們每個人賣出多少臺吸塵器就可以了。但現實往往比理論更加複雜，有時候單純的產量指標並不能反映出員工的真實效率和努力程度。

比如，某個員工工作的街區這個月正好在修路，每天灰塵很大。於是他這個月賣出100臺吸塵器，成績很好。但是這個員工不一定是最努力的員工，因為他的產量受到環境的影響。又有一個員工這個月賣出了100臺吸塵器，但是下個月顧客卻因吸塵器的品質要求退掉60臺，這時我們又應該如何衡量這一位員工的產量水準呢？他可能非常努力，但是他的業績是由產品品質等與銷售無關的因素導致的，這就是隱性行為的效果。

米勒認為，由於隱性行為的存在，科層組織中始終存在著資訊不透明的現象，資訊不透明就可能影響上級與下級之間的關係。上級不能直接觀

察到下級的努力程度，而只能透過一定的指標加以衡量。下級也無法向上級彙報全部的資訊，只能透過一定的指標來表達自己的行為。二者之間存在著不可化解的障礙和壁壘。

四、如何化解科層失靈：競爭、合作與領導能力

米勒認為，雖然科層也存在著失靈現象，但是我們可以透過多種手段去化解科層失靈，主要有競爭、合作、領導能力三種手段。

(一) 競爭

科層的存在是為了避免市場失靈、提升組織效率，但是科層失靈就會導致組織效率低下。米勒認為，要解決科層失靈，就要藉助市場的手段競爭。任何一個科層組織都不是孤立存在的，它們往往存在於一定的環境中，環境中的競爭能夠幫助組織精準定位自己科層組織的發展效率。

比如在市場競爭中，我們如何確定某一科層組織是有效的呢？米勒提出的建議是看市場上是否存在針對該組織的收購意圖。也就是說，如果市場上有人想收購某一公司，那就證明這一間公司現有的價值低於市場預估的價值，從而說明該組織的科層管理可能就是相對低效的，科層管理阻礙了公司的發展。而如果該公司在市場上沒有被收購，那就說明該公司的價值得到了市場的認同，科層管理沒有阻礙公司的發展。所以，米勒認為，市場上存在的競爭可以幫助科層組織精確定位自己的效率程度。

(二) 合作

　　科層組織的內部合作往往指的是科層縱向和橫向之間的合作。米勒認為，無論合作形式如何，科層組織內部合作的成功之道在於建立長期的信任關係，而不是進行複雜的內部激勵。換言之，良好的團隊氛圍可能勝過薪酬獎勵。

　　米勒在這裡用了管理學中的一個經典實驗——1924年的「霍桑實驗」來說明自己的觀點。霍桑實驗的內容是，一些管理學家想研究某一工廠中工人的生產效率，於是他們先後採用了各種手段來控制工人工作的方式和環境，甚至包括工作中燈光的明暗。最後他們發現，幾乎所有的改變都會導致工人工作效率的提高。於是他們得出結論，不是某些改變導致工人的效率提高，而是改變條件這件事本身就讓工人感受到了關注，他們的工作效率也因此開始提高。米勒認為，霍桑實驗證明了他的觀點，即如果管理者可以透過與員工合作、關注員工的需求來獲得更加和諧的內部關係，那麼也許可以透過這種方式克服科層失靈的問題。

(三) 領導能力

　　米勒認為，領導能力是科層組織內部管理者的重要能力，領導能力強調的是組織的預期營造和精神建構。米勒希望管理者可以透過領導能力的發揮幫助組織建立起一種和諧有序的組織環境。

　　米勒舉了一個「雇員參股計畫」的例子。雇員參股指的是公司內的員工可以透過工作獲得一定的公司股份，分享公司的發展收益。米勒認為，這種雇員參股計畫可以極大地激發員工的積極性，幫助公司建立起具有競爭氛圍的組織環境，現實中很多組織內部都採用了這種激勵模式。

應對危機的必然選擇

　　米勒進一步指出，科層領導不能僅依靠一套機械式的激勵制度去協調個人利益和團隊效率，他們必須透過個人魅力、公開演講等手段創造合適的心理預期，為員工建立一種合適的規範系統。並且，科層領導要透過演講、團隊建設、會議等手段來保證一定程度的員工激勵，維護組織內部的穩定性。例如許多企業的領導人每年都要在企業內部發表公開信件，一方面是為了建構一種積極的工作氛圍，另一方面是為了強調組織的基本價值觀，保證組織的穩定性。

30 《變革的力量》：從管理者到領導者

領導大師第一人 —— 約翰・科特（John P. Kotter）

約翰・科特（1947～），出生於聖地牙哥。他天資聰慧，從小學習成績優異，先後就讀於麻省理工學院及哈佛大學。1972年，他開始在哈佛商學院執教。1980年，年僅33歲的科特被聘為哈佛商學院的終身教授，成為哈佛歷史上最年輕的教授之一。

此後，科特專心於寫作與研究，其作品被翻譯成了120多種語言，並在世界各地出版，總銷量超過了200萬冊。因其在領導學方面的卓越研究，科特被譽為「領導變革之父」。2001年，他被《彭博商業周刊》評為「領導大師第一人」，與管理學大師彼得・杜拉克並駕齊驅。

約翰・科特

應對危機的必然選擇

一、為什麼要寫這本書

約翰‧科特在《變革的力量》(*A Force for Change: How Leadership Differs from Management*) 一書中，詳細論述了組織變革的來源。他從領導與管理的差異出發，探討了領導的本質、領導的結構以及領導力的形成等，為我們描繪了領導在管理者中的定位與發展途徑，為後續領導學的研究建構了基礎。

《變革的力量》的副標題是「領導與管理的差異」，顯然，這本書是圍繞領導與管理的不同而展開論述的。在書中，科特深入分析了領導與管理的區別，並在此基礎上解答了「領導者應該如何推動組織的管理變革」這一個問題。科特認為，管理立足於科學的重點，在於嚴密的秩序和深度的控制。領導立足於藝術的重點，在於卓越的策略眼光和推動變革。管理充滿了理性，領導則富有感情。科特對於管理和領導的深入洞見，極大地推動了後續領導學與管理學的分流。在科特之後，領導學逐漸成為一門獨立的學科，成為管理學的重要組成部分。

二、領導與管理的不同：
制定議程、開發人力、執行計畫與結果評估

在科特看來，管理和領導可以被理解為兩種不同的行動方式，管理的行動方式比較強調嚴格的上、下級關係、嚴密穩定的規章制度等。而領導的行動方式比較強調結果導向、動態的資源配置等。

科特進一步提出，領導方式與管理方式至少在四個方面存在著不同，分別是制定議程、開發人力、執行計畫、結果評估。

（一）制定議程

科特認為，在制定議程方面，管理方式注重的是按部就班地制定計畫，也就是先將計畫分解成具體的行動目標，然後再確定實現目標的詳細步驟和時程安排，最後再調配必需的資源來實現組織的發展計畫。從這個意義上來說，按照管理方式行事的人有點像《紅樓夢》中的管家王熙鳳，王熙鳳負責的就是調配家庭內部的金錢和各種資源，以維持賈府體面的工作。

對於按照領導方式行事的人來說，議程不再是制定具體的計畫或分配各方面的資源。他們關注的不再是眼前的利益，而是未來的目標，並會圍繞未來的目標制定一系列的發展策略。比如劉備就是一個典型的、著眼於未來的人，因為他沒有去招兵買馬，也沒有和其他諸侯結成聯盟，而是主動去尋找智囊諸葛亮，因為他知道諸葛亮才是決定自己未來發展的決定性因素。

總之，科特認為，管理方式注重的是當下，而領導方式注重的是未來。

（二）開發人力

人力資源對組織的重要性不言而喻。科特認為，管理方式與領導方式的不同點就在於，管理方式注重的是組織內的人力資源，領導方式注重的是組織外的人力資源。怎麼理解這種組織內和組織外的區別呢？

假如你是一個小組的管理者，上級要你們小組完成一項任務，但是這項任務需要很多員工才能完成，僅憑小組內現有的人手是不足以在規定的時間內完成任務的，那麼你會怎麼辦呢？一般的做法是延長工作時間，比如你可以要求員工加班。科特認為，這就是一種組織內的管理方式，它注

重的是對現有資源的調配和計劃，在一定的流程和框架內對員工做出引導。如果按照領導方式行事，會怎麼做呢？你可以尋求其他單位的幫助，也可以與上級商量延長完成的期限。領導方式的立足點在於整體目標的達成，它關注的不僅是組織內部的資源和流程，還會不斷爭取組織外的合作和支持，使更多的資源和組織能夠為自己所用。

總之，管理方式重視的是開發組織結構內的人力，領導方式重視的是綜合開發組織結構外的人力。

(三) 執行計畫

計畫是管理方式永恆的焦點，管理者要透過一定的計畫來解決組織所面臨的問題。科特認為，在這種管理方式下，管理者的主要任務也包括監督計畫的完成情況，如果計畫有偏差就要及時調整。但領導方式不同，領導方式關注的不是計畫的完成情況，因為此時的管理者不是一個高高在上的監督者，而是一個身體力行的參與者。他會在參與計畫的過程中，激勵人們戰勝所遇到的政治、官僚、資源等方面的主要障礙，他重視的不是計畫的完成情況，而是在計畫完成過程中組織所發生的變革和阻礙組織變革的障礙。

換言之，領導方式的目的在於推動變革，而不是完成計畫。比如蘋果公司的執行長提姆・庫克（Tim Cook）就經常深入到設計、研發、製造等部門工作計畫的制定中，他的目的不是深度控制各個部門的產量和工作量，而是要將他的理念貫徹到蘋果公司的各方面。

(四) 結果評估

結果評估是組織工作的一個主要方面，組織往往以此來決定自身的績效和存續發展等關鍵問題。在這一方面，科特認為，組織中的管理方式和領導方式對結果的評估方法是非常不同的。

一般來說，管理方式採用的是傳統的結果評估方法，即遵循成本效益法則，也就是將投入的資源和產生的結果進行對比，當投入小於產出時，意味著組織的成功；而當投入大於產出時，意味著組織的失敗。但是這種評估方式忽略了組織發展中的一個重要方面——變革程度，因為變革是需要代價的，組織可能因為變革而減少了產出。比如企業為了培訓員工，就必然要占用員工的工作時間，這在客觀上便減少了企業的產出。因此，這種變革往往作用於長期的發展，難以訴諸短期的成本效益。

領導方式的成果評估方法則能夠解決這一個問題，因為領導方式關注的是未來，關注的是變革，這能夠幫助企業辨識出那些有助於長遠發展的優勢和產品。

三、領導發揮作用的機制：領導過程、領導結構

科特認為，領導透過兩種方式在組織中發揮作用，分別是領導過程和領導結構。

(一) 領導過程

科特認為，領導方式不會自動與團隊結合，必須透過一種參與性的過程來深度地與整個團隊互相融合。換言之，管理者必須透過一種過程性的

應對危機的必然選擇

參與,才能將領導方式貫徹到團隊之中。科特認為,這種過程性的參與就是領導過程。這種過程參與包括三個環節,分別是確定企業經營目標、聯合群眾、激勵和鼓舞。

1. 確定企業經營目標

顧名思義,領導者需要對未來進行預測,然後據此制定組織發展的遠景目標,並依據這一項遠景目標制定變革策略。科特認為,領導者確定的企業經營目標要通過適合性與可行性的檢驗。所謂適合性,指的是企業經營目標要能夠滿足企業主要支持者的需求,比如顧客、股東、雇員的需求。所謂可行性,指的是企業要具有能夠達到目標的合理策略,並且這一項策略要考慮到競爭因素、企業組織的實力和不足,以及技術的發展趨勢等。

比如 2003 年,美國特斯拉公司的執行長馬斯克制定了特斯拉汽車的發展目標,即到 2020 年,特斯拉要成為世界上最大的汽車公司。在當時,這一項目標可謂是天馬行空,遭到了不少人的嘲笑。但是如果我們仔細分析一下,馬斯克的這一項目標恰好滿足了適合性與可行性這兩個指標。從股東角度出發,馬斯克的計畫無疑能夠為他們帶來可觀的回報,因為特斯拉的股價會一路上升。同時,馬斯克已經預見到新能源汽車的崛起,因此他認為特斯拉必將彎道超車,最終超越賓士、BMW 等老牌勁旅。果然,到了 2020 年,雖然特斯拉的這一項目標還備受爭議,但是公司的估值已經達到 885 億美元,而此時賓士公司的估值僅為 283 億美元。顯然,馬斯克制定的經營目標是有效的。

2. 聯合群眾

確定目標之後,接下來領導者需要關注的就是如何實現目標。科特認為,領導者需要一群彼此相關的人,對某一項遠景目標或整套策略達成共

識，承認目標的有效性並樂意為其奮鬥。簡單來說，領導者需要在最大程度上聯合團隊成員，使其認同自己設定的目標並能夠為之不斷努力。領導者往往需要不厭其煩地向所有能夠提供幫助的人，傳達企業的經營方向和價值，並需要在傳達的過程中運用簡單的、有力的符號和影像進行交流。

比如許多企業都有濃縮成一句話的口號，像 Google 公司的「不作惡」（Don't Be Evil）、蘋果公司的「不同凡想」（Think Different）等。事實上，這些口號往往凝結了組織的核心價值觀和發展策略。在傳達、使用這種口號的過程中，領導者實際上就是在將組織的發展策略和價值觀潛移默化地貫徹到企業的各方面。

3. 鼓舞和激勵

鼓舞和激勵是領導過程中的獨有內容。如果按照管理的基本邏輯，員工只需要嚴格執行上級交代的任務即可，不需要額外的精神激勵。但在現實中對員工的鼓舞和激勵往往是不可或缺的，因為員工對於組織的歸屬感、對於工作的認同感，以及在人際關係中感覺到的自尊等，都決定著員工的工作效率。科特認為，領導的鼓舞和激勵應該關注那些非常基本但又常常被忽視的人類需求，比如成就感、歸屬感、認同、自尊、把握命運的意識、實現理想的需求等。

例如蘋果公司的執行長庫克每週會抽出一天的時間來回覆員工的郵件，而這些郵件的內容並非都是對工作的彙報，也有的是對環境的抱怨、對職業發展的不滿、對未來的擔憂等。庫克認為，他透過這種方式可以有效地影響員工對企業的認同感和參與感，從而激勵他們全身心地投入到事業中。

總之，領導往往會透過過程性的參與來發揮作用，而這種過程性的參與包括確定企業經營目標、聯合群眾、鼓舞和激勵三個方面的內容。

(二) 領導結構

所謂領導結構，就是指領導者在某種結構中發揮領導作用的過程。這種結構有兩點特徵。

1. 多重作用

科特認為，提到領導，許多人想到的都是一個領導者帶著一群下屬，由領導者發號施令，然後由下屬來完成的場景。事實上，這種理解完全忽視了領導的多重作用。所謂多重作用，指的是領導往往會參與到組織工作的各個方面和各個環節，因為領導的職權和責任範圍變化極大，有時需要關注組織的整體目標，有時也要關注組織的關鍵部分。

比如賈伯斯雖然管理著蘋果公司的整體運作和經營，但是在手機的外觀設計方面，他卻事必躬親，親自與設計師打造外觀的細節。這是因為在賈伯斯看來，蘋果手機的外觀設計是產品成敗的關鍵，是關係到企業發展的關鍵部分，必須由領導者親自控管。這種既關注整體性，又關注細節的特徵，就是領導在組織中特殊地位的展現。

2. 深厚的人際關係網路

科特認為，究其本質，組織和企業的發展都離不開具體的人，因為人際關係能夠對企業的發展產生重要的影響。同樣，領導者也應該重視培養自己的關係網路。科特認為，深厚的人際關係網路可以成為領導者在組織中的一種有效溝通管道和信任手段。

比如日常生活中，我們能在酒局中看到大家都互相稱兄道弟，顯得十分親熱。從某種角度上來說，這種稱兄道弟的行為就是人際關係的展現，因為它拉近了上、下級關係，增加了雙方的信任和共識。科特指出，透過

對這種人際關係的經營，領導者可以打造出一種更加包容和適應的發展過程。也就是說，領導者可以透過對這種人際關係的建立，增加組織內部成員對組織目標和未來規劃的認同和共識，從而讓他們更加積極地投入到工作之中。

總之，領導結構就是領導透過多重作用和建構人際關係網路的方式來發揮其作用的過程。

四、領導力從何而來：個人特質、事業經歷和企業文化

不難看出，領導力的發揮離不開卓越的領導者。那麼我們不禁要問，那些卓越的領導者，他們的遠見卓識是從何而來的呢？科特透過大量的調查研究得出結論：領導力來源於個人特質、事業經歷和企業文化三個部分。

(一) 個人特質

個人特質就是指領導者的精力、智力、心理健康、道德要求等特質，這些特質會對領導力產生重要的影響。可以說，要成為一個卓越的領導者，旺盛的精力不可或缺。除此之外，智力、家庭培養等方面也會對領導力產生重要的影響。科特認為，如果一個人的童年比較不幸，那麼他就更有可能形成堅忍不拔的性格。

需要澄清的是，個人的許多特質都與一個人的先天條件有關，但這並不意味著領導力是與生俱來的。科特認為，領導力是可以訓練和培養的，良好的先天條件能夠對領導力產生重要的影響，但絕不會發揮決定性的作用。

(二) 事業經歷

科特認為，豐富的事業經歷能夠幫助一個人逐漸成為卓越的領導者。領導力的培養並不是一蹴而就的，需要員工在不同的工作職位中逐漸培養起來。科特認為，一個成功的領導者往往需要具有挑戰性的、橫向的事業經歷。這裡的挑戰性指的是任務的目標具有一定的難度，員工的領導能力可以在完成任務的過程中得到發展，並且能夠給予員工發揮領導能力的機會。而橫向是指領導者需要多與不同方面的工作人員進行接觸，這種接觸對於領導者來說非常重要。

相比之下，那些比較專業的、接觸範圍比較窄的工作更需要員工具備專業的知識和技能，並不需要員工具備制定長期目標和發展策略的能力，也就不需要太多的領導力了。從這個角度來說，我們就不難理解很多人在升遷之前都要到某地就職鍛鍊，實際上就是透過橫向的事業經歷來提升他的領導能力。

(三) 企業文化

科特認為，企業文化是一種文化氛圍，它能夠有效影響一個企業的價值觀念和經營之道。重要的是，企業文化影響了高層會不會去挖掘並發展具有領導潛力的人才。如果一個組織的文化是選賢任能，那麼具有領導才能的人更有可能脫穎而出。如果一個組織的文化是相互排擠，那麼這個組織不太可能出現具有卓越領導力的人。

企業文化還決定了公司中的人際關係網路。如果一個公司內部的文化是「競爭第一」，大家每次都要拚個你死我活，那麼領導者就不太可能在私下建立起比較親密的人際關係網路，也就不會在人際關係層面凝聚共識。

如果一個組織比較重視合作,員工之間的關係也比較和睦的話,那麼領導者就更有可能建立起一個緊密的人際關係網路,從而能夠更加有效地推動變革。

應對危機的必然選擇

後記

　　本書歷時一年，在學術志閱讀專案團隊的精心打磨下，終於和大家見面了。本書是我們的學術經典導讀叢書之一，秉承「深度解讀，簡明傳達」的宗旨，力求最大程度地還原這些學術經典的思想精髓，用最明瞭的語言讓更多的人靠近學術大師們的智慧光芒。本次成稿過程中，我們也受到了很多專家、學者的鼎力支持，在此特別感謝：

　　駱飛、王長穎、王娟雯、阿明翰、郭豔紅、羅鑫、于嫻、劉彥林（排名不分先後）。

　　當然，由於能力所限，本書不足之處，在所難免，若有疏漏之處，歡迎與學術志閱讀專案組聯繫。

大師教你學管理，30 本經典一次打包！
穩定性地帶 × 組織理論 × 目標管理⋯⋯去蕪存菁、濃縮精華，一次讀懂最強管理智慧，輕鬆提升職場競爭力！

作　　　者	：郭澤德，宋義平，關佳佳
發 行 人	：黃振庭
出 版 者	：沐燁文化事業有限公司
發 行 者	：崧燁文化事業有限公司
E ‐ m a i l	：sonbookservice@gmail.com
粉 絲 頁	：https://www.facebook.com/sonbookss/
網　　　址	：https://sonbook.net/
地　　　址	：台北市中正區重慶南路一段 61 號 8 樓

8F., No.61, Sec. 1, Chongqing S. Rd., Zhongzheng Dist., Taipei City 100, Taiwan

電　　　話	：(02)2370-3310
傳　　　真	：(02)2388-1990
印　　　刷	：京峯數位服務有限公司
律師顧問	：廣華律師事務所 張珮琦律師

─版權聲明────────────
原著書名《一本书读懂 30 部管理学经典》。本作品中文繁體字版由清華大學出版社有限公司授權台灣沐燁文化事業有限公司出版發行。
未經書面許可，不得複製、發行。

定　　　價：450 元
發行日期：2025 年 05 月第一版
◎本書以 POD 印製

國家圖書館出版品預行編目資料

大師教你學管理，30 本經典一次打包！穩定性地帶 × 組織理論 × 目標管理⋯⋯去蕪存菁、濃縮精華，一次讀懂最強管理智慧，輕鬆提升職場競爭力！/ 郭澤德，宋義平，關佳佳 著 . -- 第一版 . -- 臺北市：沐燁文化事業有限公司 , 2025.05
面；　公分
原簡體版書名：一本书读懂 30 部管理学经典
POD 版
ISBN 978-626-7708-20-0(平裝)
1.CST: 管理科學
494　　　　　　　　114004933

電子書購買

爽讀 APP　　　臉書